井筒完整性相关力学

姜海龙　著

中国石化出版社

图书在版编目（CIP）数据

井筒完整性相关力学 / 姜海龙著 . —北京：中国
石化出版社，2019.9
ISBN 978-7-5114-5508-6

Ⅰ.①井… Ⅱ.①姜… Ⅲ.①井筒-完整性-研究②
井筒-流体力学 Ⅳ.①TD262②O35

中国版本图书馆 CIP 数据核字（2019）第 189714 号

中国石化出版社出版发行

地址:北京市东城区安定门外大街 58 号
邮编:100011　电话:(010)57512500
发行部电话:(010)57512575
http://www.sinopec-press.com
E-mail:press@sinopec.com
北京艾普海德印刷有限公司印刷
全国各地新华书店经销

*

787×1092 毫米 16 开本 10.5 印张 245 千字
2019 年 9 月第 1 版　2019 年 9 月第 1 次印刷
定价:58.00 元

前　言

从 1986 年到现在，30 多年来国内外越来越深入和广泛地研究和应用井筒完整性及其屏障系统新理念、新理论、新方法、新技术。随着今后石油天然气工业向海洋深井、超深井、高压及含 H_2S、CO_2 等复杂井，以及非常规油气井、极地地区勘探井、多分支井及最大油藏接触面积井等复杂结构井、智能钻井完井及智能油田等新领域扩展，井筒完整性将越来越显示其重要性。本书从最基础的力学出发，阐述井筒完整性涉及的各方面的力学知识，为具体复杂环境下的井筒完整性分析提供力学参考基础理论。

本书共分 6 章。第 1 章介绍了井筒完整性概念和涉及的内容；第 2 章介绍井筒完整性相关流体力学，重点阐述了井筒压力场和温度场，为环空压力计算和油管柱外载分析提供力学分析基础，同时有利于分析环空带压现象；第 3 章介绍井筒完整性相关管柱力学，重点阐述了钻井过程管柱力学基础、常规试油完井管柱力学基础和射孔作业管柱力学分析，其中考虑了温度变化产生的温度效应、内外压作用产生的鼓胀效应、轴力作用产生的轴力效应、失稳屈曲产生的弯曲效应(包括正弦屈曲效应和螺旋屈曲效应)等，钻井管柱力学为三维井眼的管柱形态提供力学分析基础，保证钻井的顺利进行，试油完井管柱力学分析保证了试油完井过程中油套管的完整性，射孔作业管柱力学主要介绍了非线性动力分析有限元的数值模拟；第 4 章介绍了井筒完整性相关套管损伤力学，重点阐述了磨损套管形态的描述、剩余套管强度的评价和套管腐蚀类型；第 5 章介绍了井筒完整性相关水泥石力学，重点阐述了水泥石环的受力状态和完整性失效分析，说明水泥石环在井筒完整性中所起的力学作用；第 6 章介绍了井筒完整性相关地层岩石力学，重点阐述了与井筒完整性相关的井壁稳定问题，为井筒外载荷分析提供分析结果。

在本书的撰写中，笔者试图实现以下几个目的：

（1）尽可能系统、全面地向读者介绍井筒完整性失效分析中涉及的力学基础，为井筒完整性研究者提供相关的力学分析基础，便于学者在分析具体的复杂条件下井筒完整性失效中查阅相关的力学基础。

（2）努力构建油气井的井筒完整性理论体系，尽管井筒完整性理论提出较早，但目前有关此方面的文献"支离破碎"，本书试图通过严密的力学分析，认识工程现象，建立显著的完整性理论体系。

（3）为工程技术人员提供现场井筒完整性设计和管理等各方面的理论基础。井筒完整性涉及两道屏障，这两道屏障的力学分析都可从本书中查到，方便工程技术人员完成井筒完整性相关的研究工作。

本书由"西安石油大学优秀学术著作出版基金"资助出版。限于笔者水平，书中难免存在不妥之处，敬请读者批评指正。

目　　录

第1章 井筒完整性

井筒完整性是指油气井使用周期全过程中通过系统科学的设计方法降低地层流体发生非控制泄漏的风险。井完整性贯穿于油气井方案设计、钻井、试油、完井、生产、修井、弃置的全生命周期。

1.1 井筒完整性概念的提出与发展

1986年，挪威NORSOK标准第一版问世，是世界上第一个在钻井等井筒作业中的井筒完整性标准(Well Integrity Standard in Drilling and Well Operations)。20世纪90年代更新为第二版。2004年，挪威国家石油公司Snorre A平台井喷事故后，NORSOK D-010发布了第三版，提出了井屏障设计理念，各个油公司和作业者开始重视和使用该标准。特别是2010年4月20日深夜在美国墨西哥湾马孔多海上，BP公司钻井平台(Macondo)钻一口"深水地平线井"时发生了井喷、失火、爆炸恶性事故，造成了11人死亡，在近3个月的时间有500万桶原油泄流到海域，导致墨西哥湾环境大面积污染。BP公司赔偿美国政府和当地人民63.8亿美元。"深水地平线"恶性事故令全球石油业界及安全环保部门以及各石油公司和全世界共同关注，进行深刻反思、总结教训。随后，NORSOK D-010吸纳了行业对该事故提出的450条建议，修订发布了第四版，该标准被世界石油公司普遍采用，并作为井完整性设计的指导原则。2010年12月美国石油学会发布了API 65-2《封隔建井中的潜在地层流入》(Isolating Potential Flow Zones Well Construction)，把该封隔标准作为API RP90和API 65的补充。API RP90为《海上油气井套管持续带压管理》(API RP90 Management of Sustained Casing Pressure on Offshore Wells)。2011年美国石油学会发布API 96《深水井筒设计与建井》(Deepwater Well Design and Construction)第一版，吸取上述深水地平线事故教训，对海洋深水油气井设计和建井中井筒完整性提出了许多新理念和技术条款。同年，挪威石油工业协会(OLF)牵头成立由BP、Conoco Phillips、Eni Norge、Exxon Mobil、Nexen Inc、Norske Shell、Statoil、Total等跨国石油公司专家们组成的工作组，负责编写井筒完整性标准《OLF井筒完整性推荐指南》(OLF Commended Guidelines for Well Integrity)。2011年6月挪威石油工业协会发布了该OLF推荐指南。2012年5月3日挪威石油工业协会发布《深水地平线教训及改进措施》(Deep water Horizon Lessons Learned and Flow-up)文件。该文件还比较了API标准和挪威标准，提出了对NORSK D-010标准第三版的修改条款、增补了企业文化理念和条款等。2013年6月挪威标准化委员会发布了《在钻井和井筒作业中井筒完整性》NORSOK标准D-010第四版，即NORSOK标准D-010的最新版，也是现在国际石油界推崇和应用的比较公认的井筒完整性标准。

2007年7月，国内针对罗家2井地面冒气及其对周围居民安全的影响，在国家有关部门的组织下，西南石油大学借鉴国际上井完整性相关的规范和标准，引入井完整性设计、管理理念，开展含H_2S气田的井完整性及安全研究。塔里木油田针对库车山前高压气井面临的众多挑战，以借鉴国外先进的井完整性设计理念为基础，持续开展了井完整性设计研究：① 2005~2008 年，针对克拉 2 和迪那 2 气田多口高压气井环空异常高压问题，引入井完整性的概念，开展问题井风险评估工作，采用 API RP90 标准进行各环空最大允许带压值计算，并制定治理措施；② 2009~2011 年，针对迪那 2 气田多口井出现完整性问题，在进行广泛的井完整性国际调研的基础上，开展了全油田井完整性现状大调查，引用井完整性设计理念制定了相应的措施，保证了迪那 2 气田的安全高效开发；③ 2012~2016 年，针对大北、克深区块大规模建产后井完整性面临的新挑战，探索了一套以井屏障设计、测试和监控为基础井完整性设计技术。西南油气田也非常重视井完整性设计相关工作。2008 年依托龙岗气田开展了一系列相关研究工作，并形成了一套三高气井完整性评价技术；2013~2016 年高效完成龙王庙气藏的试油、完井及开发建产工作；期间不断配套和完善了井完整性评价所需的各种设备和工具。2014 年发布 Q/SY XN 0428—2014《高温高压高酸性气井完整性评价技术规范》企业标准，2015 年"西南油气田井完整性管理系统"正式上线运行。同时，大庆油田、吉林油田等结合自身油气田的特点，开展了相关的井完整性研究，并取得了一定的效果。中国石油勘探与生产分公司结合相关油气田在高温高压及高含硫井完整性方面的技术需求和具体做法，于 2013 年 8 月提出在三年内完成《高温高压及高含硫井完整性指南》《高温高压及高含硫井完整性设计准则》《高温高压及高含硫井完整性管理》等井完整性技术规范。最终，2017 年 2 月中国石油股份公司正式发布了国内石油行业首套高温高压井完整性标准系列，包括《高温高压及高含硫井完整性指南》《高温高压及高含硫井完整性设计准则》《高温高压及高含硫井完整性管理》。

从 1986 年到现在，30 多年来国内外越来越深入和广泛研究应用井筒完整性及其屏障系统新理念、新观念、新理论、新方法、新技术。随着今后石油天然气工业向海洋深井、超深井、高压及含 H_2S、CO_2 等复杂井以及非常规油气井、极地地区勘探井、多分支井及最大油藏接触面积井等复杂结构井、智能钻井完井及智能油田等新领域扩展，井筒完整性将越来越显示其重要性。

1.2 井筒完整性内容

1.2.1 地层完整性评价

地层完整性评价的主要对象是目的层上部的盖层、套管和固井水泥环构成的阻止地层流体经管外上窜的井屏障，若上覆地层有复杂岩性地层，则还应评价上覆复杂岩性地层对井筒安全的影响。

1）地质资料分析

利用地质资料，开展地层完整性评价：

（1）目的层井屏障评价。目的层上部有一定厚度的盖层且在盖层对应深度有连续 25m 以上固井质量优良的水泥环，可将盖层及外部水泥环定性评价为合格的井屏障。如该井屏障评价为不合格，需提示地层流体经管外上窜可能带来的风险，并采取相应的风险控制措施。

（2）复杂岩性地层（盐层、石膏、泥岩等塑性蠕变地层及高压盐水层）。上覆复杂岩性地层评价结果要列出复杂岩性地层分布井段及岩性、复杂岩性地层段是否被固井水泥环及套管有效封隔、上覆复杂岩性地层是否存在管外窜及套管挤毁变形的可能。

(3) 地层压力预测。预测地层压力是压井液密度、油管、井下工具压力等级选择的依据，预测的井口最高关井压力是选择井口、地面设备压力等级的依据。预测地层压力应根据目的层实钻钻井液密度、井漏溢流等显示情况、邻井实测地层压力等综合确定。

(4) 地层温度。通过测井资料及邻井实测数据预测地层温度，作为计算井筒温度场分布、选择地面设备和井下工具的温度等级、管柱材质等的依据。

(5) 目的层岩性及出砂预测。目的层岩性及出砂预测结论应给出合理的生产压差建议、试油工作液与岩石组分的配伍性等，避免地层垮塌或出砂，造成套管挤毁、堵塞或埋卡管柱等影响井筒完整性的复杂情况以及水敏等地层伤害。

(6) 地层破裂压力。依据钻井期间的地破试验、岩石力学实验数据、综合地质力学分析数据，结合邻井储层改造施工情况，预测地层破裂压力，为管柱完整性评价提供依据。

(7) 漏入目的层的流体。分析钻井过程中漏失的液体组分、漏失量，制定相应措施，削减漏失液体返排导致的井筒完整性风险。

2）地层流体

应结合邻井试油和生产情况，预测目的层可能产出流体性质、成分和含量，为管柱和井口选材提供参考依据，同时进行相关安全风险提示。

3）产能预测

根据本井及邻井储层参数，预测本井改造前后的产能，为后续试油工作和配套工具设备的选择提供依据。

4）结蜡

根据邻井或本井的地层烃类成分分析、地层温度压力等数据，对析蜡温度、析蜡点和结蜡量进行预测，为防蜡清蜡措施制定提供依据。

1.2.2 井筒完整性评价

在试油作业前应进行井筒完整性评价，校核套管强度，指出薄弱点，为选择封隔器坐封位置、确定最低试油替液密度及最高环空操作压力提供依据。

1）井身质量评价

井身质量评价的目的是通过对井径、井斜、狗腿度等数据的分析，为选择试油封隔器坐封位置提供依据。井身质量要能满足井下工具通过的要求。

2）套管评价

根据钻井井史提供的井斜、钻具组合、起下钻次数、钻进参数、钻井液类型，定量计算井下套管磨损程度，然后根据磨损程度计算套管的剩余抗内压、抗外挤强度。

射孔段套管宜根据射孔孔眼直径、孔密、相位、套管直径、壁厚、管材屈服强度等参数，采用室内实验方法或理论分析获得射孔段套管剩余强度。

根据套管剩余强度，考虑盐岩蠕变、软泥岩膨胀、断层运动对套管的影响，计算套管安全控制参数，确定是否需要回接套管、最低替液密度、环空压力操作界限及压井液最高密度，并为环空加压射孔、压控工具操作和储层改造平衡压力选择提供依据。若油层套管有两种及其以上规范，应分段计算各段套管控制参数，根据计算结果确定全井的套管综合控制参数。

套管抗外挤安全系数取值原则：考虑套管加工误差（壁厚公差下限-12.5%）和高温下强度降低（碳钢取10%，其他材质参照厂家提供的数据），安全系数取值1.25，再考虑射孔后套管强度降低情况（一般情况下取15%），安全系数取值1.45；考虑套管加工误差、高温下强度降低和区域内最大/最小主应力差异（15%），安全系数取值1.45，再考虑射孔后套管强度降低情况（一般情况下取15%），安全系数取值1.65。

为验证套管承压能力是否满足试油作业要求，常规做法是做全井筒试压，试压值应综合考虑井内泥浆密度、钻井期间的试压数据、套管实际抗内压强度分析结果等多种因素，并结合试油过程中环空操作压力来确定。

结合地层流体中酸性气体含量、地层温度和套管材质，进行套管抗腐蚀性能评价，以判断套管能否满足抗腐蚀性能要求。

套管悬挂器是悬挂固井时的密封部件，试油前应对悬挂器的密封性进行评价，根据评价结果确定是否对套管悬挂器进行负压验窜。

3）固井质量评价

固井质量评价内容主要包括：固井期间是否发生漏失；塞面位置是否正常；钻塞是否出现放空；钻塞期间是否有后效显示；根据电测结果，分析关键位置（如尾管喇叭口位置、封隔器坐封井段、复杂岩层井段）固井质量。评价结果作为后期补救措施或方案制定、油套压控制参数、选择封隔器封位的依据。

4）环空压力分析

分析环空带压原因，并按照压力来源的不同，可以将套管环空压力划分为热致环空压力、人为施加压力和持续环空压力。

1.3 井筒完整性相关的力学问题

井筒复合体主要包括：井内流体、油套管柱、固井水泥石、围岩，因此井筒完整性相关力学涉及流体力学、管柱力学、水泥石力学、地层岩石力学等。从流体力学角度，分析井筒温度场与压力场耦合机理，便于发现环空带压的力学原因以及为井筒评价提供精细外载荷。从管柱力学角度，分析钻井过程管柱力学状态、常规试油管柱力学状态和射孔过程管柱力学状态，获得不同工况下管柱（套管）的变形等特征，同时从套管损伤力学角度，评价井筒完整性程度。从水泥石力学角度，分析水泥石环应力状态，评价水泥石环的完整性状态。从井壁岩石力学角度，分析井筒附近岩石的应力状态和变形特征，获得井壁附近围岩对井筒完整性的影响。

第 2 章   井筒完整性相关流体力学

2.1   井筒温度场分析

井筒温度对完井工程安全性影响十分突出，它直接影响井内压力平衡、井壁稳定、完井液体系选择、井下完井工具、套管柱管串结构、注水泥施工安全作业及水泥封固质量的高低。如果固井施工过程中，井下温度设计过低，可能导致注水泥施工时水泥浆在套管内凝固而使固井施工失败，而井眼内温度设计过高，则会导致井内水泥过长的候凝时间而发生油气水互窜的现象。

钻井液在井内的循环过程热交换过程可以分为三个阶段，如图2-1所示。

1）下行过程

钻井液从地面以入口温度 T_i 进入套管柱或钻杆并在管柱内下行至钻头。钻井液在钻杆内下行的过程中，一方面从环空钻井液中吸收热量，另一方面由于钻井液流动摩擦生热，使自身温度逐渐升高。当钻杆内的钻井液到达某一位置 z 时，温度变为 T_{pz}。钻井液在钻具内的温度主要取决于两个方面：轴向上与下部钻井液的热传导速度以及径向上与管柱与环空的热交换速度。

2）钻头到井底

钻井液经套管鞋或钻头流出，从井底进入环空。钻井液到达钻头流经喷嘴时将部分水力能转换成热能，使其温度升高 T_b 达到井底温度 T_r。

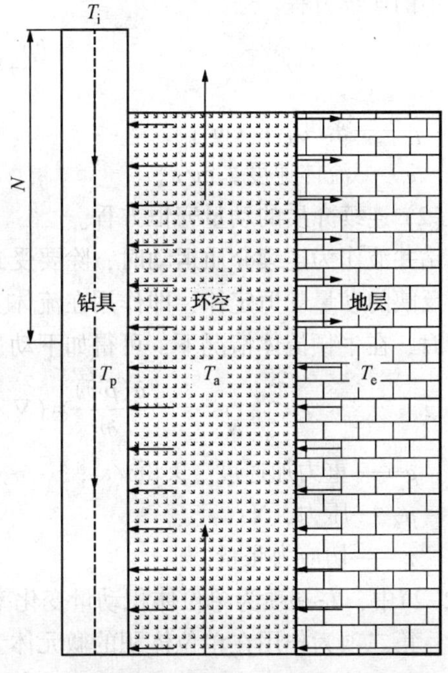

图 2-1   循环钻井液与地层之间的热交换

3）上返过程

在上行的过程中，钻井液将一部分热量传给钻柱内的钻井液，同井壁地层进行热交换，以及钻井液流动时内部摩擦生热以及压降生热，使环空钻井液温度在某一位置 z 处变为 T_{az}，此时井眼内的温度取决于向上部环空传递的热对流速度、环空与管柱间的热交换速度，以及环空与邻近地层之间的热交换速度与时间。

钻井液在钻井泵的外力驱动下，由井口钻具进入井底，润滑钻头，携带出岩屑，沿环空返出井口。在这整个过程中，主要发生的热传导过程有：钻井液在轴向上（钻具内和环空中）由于温度差产生的热传导；钻井液在径向上（钻具和环空、环空和井壁）由于温度差发生的热传导；钻具内的钻井液与钻具内壁发生的热交换；环空内的钻井液与钻具外壁、井壁发生的热交换。

钻井液在以上三个阶段的过程中，其热源主要有：

（1）下行过程。钻井液循环时，由于流体内部摩擦力的存在，摩擦压降产生的热量；钻井液与钻具内壁摩擦产生的热量；环空经过钻杆壁以热传导和热交换方式传来的热量。

（2）钻头到井底。钻井液在流经喷嘴时，产生一定的压力降，由此生成一定的热量而导致井眼内温度升高。

（3）上返过程。由井底上返过程中，其热源主要有：钻井液内摩擦产生的热量；钻井液与井壁通过热交换和热传导方式获得（释放）的热量；钻井液与钻具外壁产生的热量交换。

钻井液在井眼内循环过程中，所遵循的基本方程主要有：连续方程（质量守恒）、运动方程（动量守恒）、能量方程（能量守恒或热力学第一定律）、组分守恒方程（组分守恒）。这些方程有时被称为变化方程，一般它们描述的是系统内速度、温度和浓度相对于时间和空间位置的变化，下面具体介绍这些方程。

（1）连续介质的质量守恒方程。对于单相流体的钻井液，根据质量守恒定律，其在循环过程中的连续方程：

$$\frac{\partial \rho}{\partial t} + \nabla \cdot (\rho \bar{v}) = 0 \tag{2-1}$$

式中　ρ——密度，g/cm^3；

　　　$\bar{v}$——流体速度，m/s。

（2）连续介质的动量守恒方程。

钻井液作为连续介质运动时，除要受到质量守恒的制约外，还必须同时遵守牛顿第二定律所反映的动量守恒定律，即作用在流体上的力应与流体运动惯性力相平衡。当体积力只有重力时，在牛顿流体情况下，可得如下动量守恒方程：

$$\frac{\partial (\rho \bar{v})}{\partial t} = (\nabla \cdot \rho \bar{v})\bar{v} - \nabla p + \nabla \cdot \tau + \rho g \tag{2-2}$$

式中　g——重力加速度，$9.8 m/s^2$；

　　　p——压力，N；

　　　τ——切应力张量。

式（2-2）中，左端项为单位体积动量变化率；右端第一项为单位体积的微元体因对流获得的动量；第二项为作用在单位体积的微元体上的压力；第三项为单位体积的微元体因黏性传递获得动量；第四项为作用在单位体积的微元体上的重力。

（3）连续介质的能量方程。

热是能量的一种形式，能量方程是分析传热问题、建立传热问题数学模型的基本方程。钻井液在循环过程中的能量方程是：

$$\frac{\partial}{\partial t}(\rho h) = -\nabla \cdot (\rho h \bar{v}) + \nabla \cdot (\lambda \cdot \nabla T) + \frac{\partial p}{\partial t} + \bar{v} \cdot \nabla p + \varphi_u \tag{2-3}$$

式中　T——温度；

　　　λ——导热系数；

　　　φ_u——黏性耗散热。

式（2-3）中，左端项表示比焓随时间的变化；右端第一项表示由于对流而传递的热量；右端第二项表示导热传递的热量；右端的第三项、第四项表示压力功；右端的第五项表示黏性耗散函数。此式表明在有流体宏观流动过程中，运动着的流体除了依靠流体的流动来传递热量外，还依靠导热传递热量。

以上述假设为基础，根据热力学第一定律及传热学的基本原理，取管柱内液体、管柱壁、环空内液体和地层的控制体，推导这些控制体的能量平衡方程，即得到循环温度的数学模型(图2-2)。

由于井下状况的复杂性，直接导致在钻具内和环空内钻井液与地层以及相互之间的传热的复杂。根据井眼内的热量传递方式提出以下假设：

(1) 井眼内，轴向上的热传导的热量要远低于径向热对流交换的热量，它对温度的影响因此可以略去不计。

(2) 在地层中的传热是垂向和水平的热传导过程，地层岩石中的热对流(液体流动)和热源不考虑。

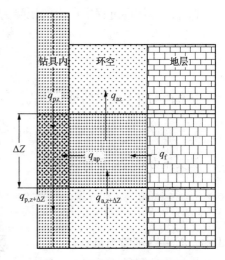

图2-2 井眼内热量传递模型

(3) 地层岩石的密度、比热和热导率等各种热物性参数不随温度和压力而变化，且比热和热导率在垂向和水平方向是相等的，即是各向同性的。

(4) 钻井液在深井的高温高压下的各种性能，例如密度、热传导率和比热与温度无关，钻井液在高压的环境下是不可压缩的。

(5) 钻具内和环空内的钻井液在径向上温度是相同的，即在钻具和环空中的钻井液都不存在着径向上的温度梯度。

(6) 井眼直径为统一钻头外径，不考虑井眼扩径和缩径对钻井液循环速度和阻力的影响。

(7) 忽略钻具对热传导率的影响，钻具内和环空中的钻井液为均一温度。

(8) 忽略钻头、钻具、钻井液黏度变化产生的热量。

(9) 钻具的热导率要远大于钻井液，因此忽略钻具壁厚对传热的影响。

下行过程中根据钻井液的流经途径，取井眼一小段进行分析(图2-2)。在这段钻具内，外来热源主要有井眼环空钻井液的热对流交换和热传导，即钻柱内轴向流入和流出单元的热流量分别为 q_p、$q_{p(z+\Delta z)}$，在径向上由环空钻井液传入的热流量为 q_f 以及由于钻具内摩擦压降产生的热量 q_{ap}。根据钻具内能量守恒的原则，可得：

$$\rho_m v_p c_m \frac{(T_{p,j}^{N+1} - T_{p,j-1}^{N+1})}{\Delta Z_j} + 2\pi r_{Dpi} h_{Dpi}(T_{p,j}^{N+1} - T_{a,j}^{N+1}) = -\rho_m c_m \pi r_{Dpi}^2 \frac{(T_{p,j}^{N+1} - T_{p,j}^{N})}{\Delta t} + Q_p \quad (2-4)$$

式中，左边两项分别代表垂向和径向上的热交换，h_{Dpi} 表示总的传热系数，右边第一项为钻具内的能量的积累，Q_p 代表其他能源项。

根据基本假设条件，忽略垂向上的热交换以及认为其他热源，则式(2-4)能量平衡方程简化为：

$$q_{p(z+\Delta z)} = q_{p(z)} + q_{ap} + q_{fp} \quad (2-5)$$

式中 $q_{p(z)}$——钻井液从上端面流入时能量，J；

  $q_{p(z+\Delta z)}$——钻井液从下端面流出时能量，J；

  q_{fp}——钻井液摩擦压降产生的热量，J。

钻井液在循环过程中产生的压降为：

$$\frac{dP_L}{dz} = f\frac{\rho_m v^2}{2r_w} \tag{2-6}$$

$$q_{fp} = dP_{Lp} \times Qk_f \tag{2-7}$$

钻具内与环空交换的热量公式：

$$mC_p\frac{dT_p}{dz} = 2\pi r_p U_p(T_a - T_p) \tag{2-8}$$

钻头压力降的计算公式为：

$$\Delta p_b = \frac{0.081\rho_d Q^2}{C^2 d_{ne}} \tag{2-9}$$

式中 d_{ne}——喷嘴当量直径，$d_{ne} = \sqrt{\sum_{i=1}^{z} d_i^2}$；

  d_i——喷嘴直径；

  z——喷嘴个数。

钻头压力降产生的温度变化为：

$$T_b = \frac{\Delta p_b \times k_b}{\rho_m} \tag{2-10}$$

上返过程中在井眼环空底部的钻井液从地层获得一定的热量，又将一部分热量释放到钻具内。如图 2-2 所示，环空内轴向流入和流出单元的热流量分别为 $q_{a(z)}$、$q_{a(z+\Delta z)}$，在径向上由环空钻井液传入的热流量为 $q_{a(z)}$。因此，其能量方程为：

$$\rho_m v_p c_m\frac{(T_{a,j+1}^{N+1} - T_{a,j}^{N+1})}{\Delta Z_j} + 2\pi r_{Dpo}h_{Dpo}(T_{p,j}^{N+1} - T_{a,j}^{N+1}) + 2\pi r_b h_f(T_{a,j}^{N+1} - T_{w,j}^{N+1})$$

$$= -\rho_m c_m\pi(r_b^2 - r_{Dpo}^2)\frac{(T_{a,j}^{N+1} - T_{w,j}^N)}{\Delta t} + Q_A \tag{2-11}$$

同样，按照各种假设条件，忽略次要的影响因素，将式（2-11）简化为：

$$q_{a(z)} = q_{a(z+\Delta z)} + q_f + q_{fa} - q_p \tag{2-12}$$

式中 q_{fa}——钻柱内钻井液流动摩擦产生的热量；

  q_f——在径向上钻井浓与井壁交换的热流量。

从地层远处传至井壁的热流量可以表示为：

$$q_f = \frac{2\pi K_f}{\rho_m Q T_D}(T_{ei} - T_w)dx \tag{2-13}$$

式中 T_D——无因次温度。

根据傅里叶定律，井壁与环空钻井液的热流量为：

$$q_a = \frac{2\pi r_w U_a}{\rho_m Q}(T_w - T_a)dz \tag{2-14}$$

在钻井液循环过程中，上述井眼温度分布模型的热交换方程满足以下的初始变值条件：

（1）井底处钻具出口与环空入口有：

$$T_a = T_P + T_b \qquad (2-15)$$

（2）管柱入口钻井液温度为已知：

$$T_p = T_i \qquad (2-16)$$

（3）钻头出口处环空和钻具内的温度相等：

$$T_p = T_i \qquad (2-17)$$

假设地层传至井壁的热量全部转换为井壁与环空钻井液的热量，即：

$$q_a = q_f \qquad (2-18)$$

联立以上方程即可确定出钻具内和环空处的温度计算公式。

在钻井泵的驱动下，钻井液在井内流动，它在管柱内流体与管柱内壁之间、环空流体管柱外壁之间及井壁之间是以强制方式进行热交换。对流传热的计算的基本计算公式是牛顿冷却公式：

$$q = U \cdot (T_w - T_f) \qquad (2-19)$$

式中，热交换系数 U 受到表面尺寸、温度、流体流速等许多因素的影响。在循环过程中钻井液之间以及和井壁之间发生的主要是对流热交换，因此各个壁面（钻井液与钻具内壁、外壁、井壁）之间的换热系数决定了它们之间换热量的大小，从而影响钻井液在井眼内的温度分布情况。

（1）雷诺数。

判断钻井液流动状态的指标主要是雷诺数 Re，雷诺数大于临界雷诺数 Re_c 为紊流，小于为层流。幂律流体临界雷诺数为：

$$Re_c = \frac{6464}{\left[n \left(\dfrac{1}{n+2} \right)^{\frac{n+2}{n+1}} \left(\dfrac{3n+1}{n} \right)^2 \right]} \qquad (2-20)$$

钻具内雷诺数：

$$Re_p = \frac{8^{1-n} D_{pi}^2 V_p^{2-n} \rho_m}{K \left(\dfrac{3n+1}{4n} \right)^n} \qquad (2-21)$$

$$V_p = \frac{4Q}{\pi D_{pi}^2} \qquad (2-22)$$

环空内雷诺数：

$$Re_a = \frac{12^{1-n} (D_{po} - D_{pi})^n V_a^{2-n} \rho_m}{K \left(\dfrac{2n+1}{3n} \right)^n} \qquad (2-23)$$

$$V_a = \frac{4Q}{\pi (D_b^2 - D_{po}^2)} \qquad (2-24)$$

式中　D_{po}——钻具外径 m；

　　　V_p——钻具内钻井液流速，m/s；

　　　Q——排量，m³/s；

　　　V_a——环空内钻井液流速，m/s；

（2）普鲁特数。

$$P_r = \frac{\nu}{a} = \frac{\mu_m C_m}{K_m} \tag{2-25}$$

式中　μ_m——动力黏度，Pa·s；

　　　C_m——钻井液比热容，J/（kg·℃）；

　　　K_m——钻井液导热率，J/（m·℃·s）。

（3）努谢尔特数。

$$Nu = \frac{U \times D}{K}$$

式中　U——热交换系数，W/（m²·℃）；

　　　D——直径，m；

　　　K——导热率，J/（m·℃·s）。

$Re > 10^4$ 时：

钻具内：

$$U_{pi} = \frac{0.0187 R_{ep}^{0.67} P_r^{0.33} K_m}{D_{pi}} \tag{2-26}$$

环空内：

$$U_{pa} = \frac{0.0187 R_{ea}^{0.67} P_r^{0.33} K_m}{D_{po}} \tag{2-27}$$

$Re \leqslant Re_c$：

钻具内：

$$U_p = \frac{\left\{ 3.66 + \dfrac{0.0688 \left(\dfrac{D_{pi}}{H}\right) R_e P_r}{1 + 0.04 \left[\left(\dfrac{D_{pi}}{H}\right) R_e P_r \right]^{\frac{2}{3}}} \right\} K_m}{D_{pi}} \tag{2-28}$$

环空内：

钻井液与钻具外壁：

$$U_a = \frac{\left\{ 3.66 + \dfrac{0.0688 \left(\dfrac{D_b - D_{po}}{H}\right) Re P_r}{1 + 0.04 \left[\left(\dfrac{D_b - D_{po}}{H}\right) Re P_r \right]^{\frac{2}{3}}} \right\} K_m}{D_{po}} \tag{2-29}$$

钻井液与井壁：

$$U_f = \frac{\left\{ 3.66 + \dfrac{0.0688 \left(\dfrac{D_b}{H}\right) Re P_r}{1 + 0.04 \left[\left(\dfrac{D_b}{H}\right) Re P_r \right]^{\frac{2}{3}}} \right\} K_m}{D_b} \tag{2-30}$$

$Re_c < Re < 10^4$:

钻具内：

$$U_{pi} = \frac{0.16\left(Re^{\frac{2}{3}} - 125\right) P_r^{\frac{1}{3}} \left\{ 1 + \left(\dfrac{D_{pi}}{H}\right)^{\frac{2}{3}} \right\} K_m}{D_{po}} \tag{2-31}$$

环空内：

钻井液与钻具外壁：

$$U_{pi} = \frac{0.16\left(Re^{\frac{2}{3}} - 125\right) P_r^{\frac{1}{3}} \left[1 + \left(\dfrac{D_b - D_{po}}{H}\right)^{\frac{2}{3}} \right] K_m}{D_{po}} \tag{2-32}$$

井壁：

$$U_{pi} = \frac{0.16\left(Re^{\frac{2}{3}} - 125\right) P_r^{\frac{1}{3}} \left[1 + \left(\dfrac{D_b}{H}\right)^{\frac{2}{3}} \right] K_m}{D_b} \tag{2-33}$$

2.2　井筒压力场分析

　　1934 年，Cannon 注意到正常压力或井内钻井液静液柱压力大于地层压力许多时，起钻过程中仍然发生井喷。为了研究这个问题，他测定了起钻中产生的抽吸压力很大，足以使地层流体进入井内导致井喷。1951 年，Goins 测出了下钻中产生的激动压力，这个压力将可能引起井漏。1953 年，Cardwell 第一次发表了定量预测井内波动压力变化规律得理论方法和计算图表，由于当时对泥浆流变性认识不足，使之失去实用意义。1954 年，Ormsby 对井内波动压力理论作了进一步推进，他描述了层流、紊流流态井内波动压力的数学模式，方法严格，计算结果较准确，但由于太复杂现场应用困难。Ormsby 和 CardWell 的研究都只限于流动泥浆黏滞阻力产生的井内波动压力。1956 年，Clark 发表了理想化的井内波动压力图表并提出了预测井内波动压力的理论公式，在他的理论中不但考虑了泥浆黏滞阻力产生的波动压力，还考虑了由于惯性力引起的波动压力，他的理论比 Ormsby 和 Cardwell 的更完善，公式也相对简单。1960 年，Burkhardt 在现场实测了井内压力波动变化规律，在假设和简化条件下提出了一套石油矿场沿用至今的计算方法。这套理论计算模式计算的井内波动压力值与 Burkhardt 实验井实测的井内波动压力值较为吻合，Burkhardt 模式在油田应用上有了实用价值。1964 年，Surch 在 Burkhardt 模式的基础上推导出了幂律流体井内波动压力计算方法。1977 年，美国 AMOCO 公司学者 Lubinski 提出了井内波动压力的动态分析法，并指出井内波动压力稳态分析的局限性，并以弹性管可压缩流体理论为基础，推导出了考虑井内流体压缩性和流道管壁弹性的计算井内波动压力的动态分析偏微分方程。1983 年，美国 AMOCO 公司的 Lar 修正了 Lubinski 瞬态井内波动压力数学模型中的许多不足，求得了幂律流体井内瞬态波动压力的数值解。为了验证其瞬态模型的正确性，用伯克哈特实验井原始数据，分别以稳态、瞬态分析模式进行了计算，结果表明：在伯克哈特实验井条件下，稳态、瞬态理论计算值与实测井内波动压力值基本一致。随后，Lar 又用 Clark 和 Fontfenot 在 Mississsppi 和 Utah

两口 4000m 以上深井实测井内波动压力原始数据分别进行了稳态、瞬态理论计算，结果表明：瞬态模式理论计算值与实测井内波动压力值吻合。而稳态模式理论计算值比实测井内波动压力值大 50% ~100%。出现这种差异的原因在于：稳态分析模型是在刚性管假设和不可压缩流体理论基础建立的，没有考虑流体的压缩性和管道的弹性，按此理论建立的稳态分析模型，只适用于外力作用时间比压力波通过液柱所需时间长得多的流道。

1960 年，以 J. A. Burkhard 为代表的稳定波动压力计算模式问世以来，目前是世界各国石油矿场广泛使用的计算方法。Burkhardt 认为运动管柱在充有流体的井内产生波动压力是由于以下原因引起的：

(1) 管柱从静止状态到运动状态克服井内泥浆静切力。

(2) 管柱运动引起井内泥浆动量变化。

(3) 运动管柱壁携带着的泥浆与管柱运动方向同向流动，同时从与其运动管柱的相反方向排出。环空流速则为黏附泥浆量和运动管柱排开泥浆量的矢量和，环空流动将克服泥浆黏滞阻力。

三个波动压力峰值出现在同一过程(下钻)的不同时刻，Burkhardt 认为在一般情况下，管柱在充有流体的井内运动引起的最大波动压力使由于黏附于管柱下行的流体，在稳定流及井底边界条件下继而上行与管柱排开的泥浆叠加在环空流动时，克服泥浆黏滞阻力而产生的。

由于钻井液黏滞阻力引起的波动压力最大，因此要准确计算波动压力就必须选择能够准确描述钻井液流变性质的方程，文献资料记载：在较高的剪切速率范围内，宾汉模式和幂律模式均能代表实际钻井液的流动特性，但是较低的剪切速率范围内，幂律模式比宾汉模式更接近实际的钻井液流动特性，而环空是在较低的剪切速率范围，所以一般选择幂律模式来描述钻井液流变性质。

1) 环空平均流速的计算

根据下套管的工艺，将套管视为堵口管，所谓堵口管，指下套管时套管下部装有单流阀，或装有单流阀的管柱。无论泵工作与否，管柱上下运动时环空的泥浆都不会进入管柱内。管柱在充有流体的井内运动，管柱相当于以柱塞排开流体，使流体在井内流动。管柱在充有流体的井内运动，管柱表面层的流体将以速度 V_p 与管柱同步下流，因此，黏附于管壁上下行(上行)的流体在垂直于管柱截面上的流体分布相同，黏附力引起的环空流速与管柱运动速度 V_p、泥浆流变性、流道几何尺寸有关。在有关文献指出，管柱运动的平均速度，即等于单根或立柱长度除以起下时间，从现场观察认为下以单根或立柱管柱过程中的最大瞬时速度应为平均速度的 1.5 倍，综合上述，环空流速可以写为：

$$V_c = 1.5 \left(\frac{D_{do}^2}{D_{ui}^2 - D_{do}^2} + K_c \right) V_p \tag{2-34}$$

式中　V_p——管柱下入速度，m/s；

　　　K_c——黏附系数，取值区间 0.4~0.5。

2) 局部阻力的计算

一个套管接头可以看成是一个突然扩大和一个突然缩小两个局部阻力，根据流体力学有关理论可以得出其局部阻力的计算式。

一个突然扩大和一个突然缩小的局部阻力分别为：

$$p_{ckd} = 9.81 \times 10^{-3} H_{kd} \rho_m \tag{2-35}$$

$$p_{csx} = 9.81 \times 10^{-3} H_{sx} \rho_m \tag{2-36}$$

局部阻力水头：

$$H_{kd} = \left(\frac{D_{jo}^2 - D_{do}^2}{D_{ui}^2 - D_{jo}^2} \right)^2 \frac{V_c^2}{2g} \tag{3-37}$$

$$H_{sx} = 0.5\varphi \left(\frac{D_{jo}^2 - D_{do}^2}{D_{ui}^2 - D_{do}^2} \right)^2 \frac{V_{cj}^2}{2g} \tag{2-38}$$

紊流：

$$\phi = \frac{f_{cj}^w}{0.022} \tag{2-39}$$

层流：

$$\phi = 12.8654 + R_{ecj}^{-0.200263} \tag{2-40}$$

式中　V_{cj}、f_{cj}、R_{ecj}——接头处的流速、磨阻系数和雷诺数。

3）总的波动压力的计算

将所有的压力损失累加起来即可得到总的波动压力，它包括钻井液静切力引起的波动压力、运动管柱惯性引起的波动压力、钻井液黏滞阻力引起的波动压力和突然扩大以及突然缩小的局部阻力损失之和。

$$p_z = p_w + p_g + p_j + p_{kd} + p_{sx} \tag{2-41}$$

第3章 井筒完整性相关管柱力学

3.1 钻井过程管柱力学分析

3.1.1 钻井管柱微元体受力分析

在管柱微元体的两端截面上有内力矢 $\vec{F}(I)$ 和 $-\vec{F}(I+dI)$，内力矩矢 $\vec{M}(I)$ 和 $-\vec{M}(I+dI)$：

$$\vec{F}(I) = F_\tau(I)\vec{\tau_0} + F_m(I)\vec{m_0} + F_b(I)\vec{b_0} \tag{3-1}$$

$$\vec{M}(I) = M_\tau(I)\vec{\tau_0} + M_m(I)\vec{m_0} + M_b(I)\vec{b_0} \tag{3-2}$$

在管柱微元体上的分布外力矢 $\vec{f}(I)dI$：设管柱的单位长度自重是 $q\vec{h}(N/m)$；井壁作用在单位长度管柱上的法向正压力是 $\vec{N} = N\cos\theta\,\vec{m_0} - N\sin\theta\,\vec{b_0}(N/m)$；单位长度管柱与井壁之间的库仑摩擦力是 $f_1 N\vec{\tau_0}(N/m)$；管柱内外流体作用在单位长度上的黏滞摩阻力为 $(f_{in}+f_{out})\vec{\tau_0}$ (N/m)。综合上述所有分布力，管柱微元体上的分布外力矢可表示为：

$$\vec{f}(I) = -(f_1 N + f_{in} + f_{out})\vec{\tau_0} + N\cos\alpha\,\vec{m_0} - N\sin\alpha\,\vec{b_0} + q\vec{h} \tag{3-3}$$

其中，f_1 表示管柱与井壁之间的摩擦系数（当 dI 沿 $\vec{\tau_0}$ 负方向运动时 $f_1 < 0$）；f_{in}、f_{out} 分别是管柱内外流体作用在单位长度上的黏滞摩阻力。

管柱内外流体分别作用在微元段内外壁上的流体压力为 $P_{in}I$、$P_{out}I$，内压 p_{in} 的等效作用相当于在微元体两端点 I 和 $I+dI$ 处的截面上作用一对轴向压缩载荷和一个向下的体积力，如图 3-1 所示。其中，轴向压缩载荷为：

$$\vec{P_{in}}(I) = P_{in}(I)A_{in}\vec{\tau_0}(I)\,;\quad -\vec{P_{in}}(I+dI) = -P_{in}(I+dI)A_{in}\vec{\tau_0}(I+dI)$$

向下的体积力为：

$$d\vec{F_{in}}(I) = -\oiint_{s_{in}} p_{in}\vec{dA} = \iint_{v_{in}} \frac{\partial p_{in}}{\partial z}\vec{k}dV = \iiint_{v_{in}}\left(\frac{\partial p_{in}}{\partial I_{m_0}}\vec{m_0} + \frac{\partial p_{in}}{\partial I_{b_0}}\vec{b_0} + \frac{\partial p_{in}}{\partial I}\vec{\tau_0}\right)dV$$

其中：

$$\frac{\partial p_{in}}{\partial I_{m_0}} = \rho_{in}g\frac{\sin\beta}{k_0}\frac{d\beta}{dI_0}\,;\quad \frac{\partial p_{in}}{\partial I_{b_0}} = \rho_{in}g\frac{\sin^2\beta}{k_0}\frac{d\gamma}{dI_0}\,;\quad \frac{\partial p_{in}}{\partial I} = \rho_{in}g\cos\beta$$

因此：

$$\frac{d\vec{F_{in}}(I)}{dI} = A_{in}\rho_{in}g\cos\beta\,\vec{\tau_0} + A_{in}\rho_{in}g\frac{\sin\beta}{k_0}\frac{d\beta}{dI_0}\vec{m_0} + A_{in}\rho_{in}g\frac{\sin^2\beta}{k_0}\frac{d\gamma}{dI_0}\vec{b_0}$$

即：

$$\frac{d\vec{F_{in}}(I)}{dI} = A_{in}\rho_{in}q\vec{h} \tag{3-4}$$

同理，外压 P_{out} 的等效作用相当于在微元体两端和截面上作用一对轴向拉伸载荷和一个向上的体积力，如图 3-2 所示。

$$-\vec{P}_{out}(I) = -P_{out}(I)A_{out}\vec{\tau}(I)\; ;\; \vec{P}_{out}(I+dI) = \vec{P}_{out}(I+dI)A_{out}\vec{\tau}(I+dI)$$

$$d\vec{F}_{out}(I) = \oiint_{s_{out}} p_{out}d\vec{A} = -\iiint_{v_{out}} \left(\frac{\partial p_{out}}{\partial I_{m_0}}\vec{m}_0 + \frac{\partial p_{out}}{\partial I_{b_0}}\vec{b}_0 + \frac{\partial p_{out}}{\partial I}\vec{\tau}_0\right)dV$$

$$\frac{d\vec{F}_{out}(I)}{dI} = A_{out}\rho_{out}q\vec{h} \tag{3-5}$$

其中，ρ_{in}、ρ_{out}——管柱内外液体的密度，kg/m^3；

A_{in}、A_{out}——管柱内外截面面积，m^2。

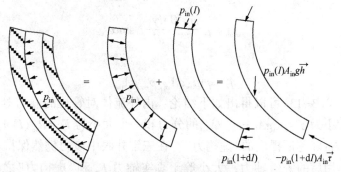

图 3-1 内压对管柱微元体的等效作用

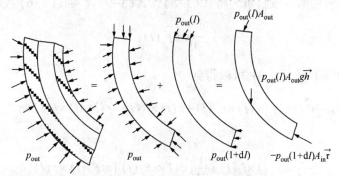

图 3-2 外压对管柱微元体的等效作用

3.1.2 管柱变形微分方程

管柱微元体处于静力平衡状态，因此可建立如下的静力平衡方程：

$$\sum F_i = 0 \qquad \sum M_i = 0$$

由所受合外力为零可得：

$$\vec{F}(I) - \vec{F}(I+dI) + P_{in}(I) - P_{in}(I+dI) - \vec{p}_{out}(I) + \vec{p}_{out}(I+dI) + d\vec{F}_{in}(I) + d\vec{F}_{out}(I) + \vec{f}(I)dI = 0$$

即：

$$\frac{d\vec{F}}{dI} + \frac{d\vec{P}_{in}}{dI} - \frac{d\vec{p}_{out}}{dI} = \vec{f}(I) + (\rho_{in}A_{in} - \rho_{out}A_{out})g\vec{k} \tag{3-6}$$

设等效轴力 $F_{e\tau}(I)$、等效力 $F_e(I)$ 以及等效分布力 $\vec{f}_e(I)$ 分别为：

$$F_{e\tau}(I) = F_\tau(I) + p_{in}(I) A_{in} - p_{out}(I) A_{out} \tag{3-7}$$

$$\vec{F}_e(I) = \vec{F}(I) + \vec{P}_{in}(I) - \vec{P}_{out}(I) = F_{e\tau}(I) \vec{\tau}_o + F_m(I) \vec{m}_o + F_b(I) \vec{b}_o \tag{3-8}$$

$$\vec{f}_\theta(I) = \vec{f}(I) + \frac{d\vec{F}_{in}}{dI} + \frac{d\vec{F}_{out}}{dI} = \vec{f}(I) + (\rho_{in} A_{in} - \rho_{out} A_{out}) g \vec{k} = f_{\theta\tau} \vec{\tau}_0 + f_{\theta m} \vec{m}_0 + f_{\theta b} \vec{b}_0 \tag{3-9}$$

将式(3-3)代入式(3-9)后可得：

$$f_{e\tau} = q_e \cos\beta - (f_1 N + f_{in} + f_{out}) \tag{3-10}$$

$$f_{em} = N\cos\alpha - q_e \frac{\sin\beta}{k_0} \frac{d\beta}{dI} \tag{3-11}$$

$$f_{eb} = q_e \frac{\sin^2\beta}{k_0} \frac{d\gamma}{dI} - N\sin\alpha \tag{3-12}$$

其中：

$$q_e = q + \rho_{in} g A_{in} - \rho_{out} g A_{out} \tag{3-13}$$

从式(3-7)、式(3-13)可以得出如下结论：内外流体对管柱的静力等效作用相当于增加了一个向下的大小为 $q_f = \rho_{in} g A_{in} - \rho_{out} g A_{out}$ 的分力和一个大小为 $F_f = P_{in}(I) A_{in} - P_{out}(I) A_{out} A$ 的轴向力，F_f 是 Lubinski 等所提出的"虚构力"，在三维井眼中该力仍然保持不变，$F_{e\tau}$ 为考虑了内、外压等效作用后的等效轴力，大小等于真实轴力 F_τ 和"虚构力"之和，q_e 为考虑了内、外流体作用后管柱的等效自重。将式(3-8)、式(3-9)代入式(3-6)后则可得：

$$\frac{dF_e}{dI} = \vec{f}_e(I) \tag{3-14}$$

根据合弯矩为零 $\left(\sum \vec{M} = 0\right)$ 可以得到：

$$\vec{M}(I) - \vec{M}(I+dI) + \vec{r}(I) \times \vec{F}_e(I) + \vec{r}(I) \times \vec{f}_e(I) - \vec{r}(I+dI) \times \vec{F}_e(I+dI) = 0$$

即：

$$\frac{d\vec{M}}{dI} = \vec{r}(I) \times \vec{f}_e(I) + \frac{d}{dI}[\vec{r}(I) \times \vec{F}_e(I)] = \vec{F}_e(I) \times \vec{\tau}(I) \tag{3-15}$$

将平衡方程式(3-14)、式(3-15)分别沿 τ_0、b_0、m_0 方向进行投影后可以得到：

$$\frac{dF_{e\tau}}{dI} - k_0 F_m = q_e \cos\beta - (f_1 N + f_{in} + f_{out}) \tag{3-16}$$

$$\frac{dF_m}{dI} + k_0 F_{e\tau} - T_0 F_b = N\cos\alpha - q_e \frac{\sin\beta}{k_0} \frac{d\beta}{dI} \tag{3-17}$$

$$\frac{dF_b}{dI} + T_0 F_m = q_e \frac{\sin^2\beta}{k_0} \frac{d\gamma}{dI} - N\sin\alpha \tag{3-18}$$

$$\frac{dM_\tau}{dI} - k_0 M_m = r\left(F_m \frac{d\sin\alpha}{dI} + F_b \frac{d\cos\alpha}{dI}\right) \tag{3-19}$$

$$\frac{dM_m}{dI} - k_0 M_\tau - T_0 M_b = F_b - F_{\theta\tau} r \frac{d\cos\alpha}{dI} \tag{3-20}$$

$$\frac{dM_b}{dI} + T_0 M_m = -F_{e\tau} r \frac{d\cos\alpha}{dI} - F_m \tag{3-21}$$

管柱在井下由于受到井壁的约束作用，其变形属于弹性小变形范围，略去高阶微小项后可得其横向变形与内力矩之间有如下的物理关系式：

$$\vec{M}(I) = -EIk \, \vec{b}$$

于是可以得到：

$$\vec{M}(I) = -EIk \, \vec{b} = EIr \frac{d^2\sin\alpha}{dI^2} \vec{m}_0 + EI\left(r \frac{d^2\cos\alpha}{dI^2} - k_0\right)\vec{b}_0 \tag{3-22}$$

即：

$$M_m(I) = EIr \frac{d^2\sin\alpha}{dI^2} \tag{3-23}$$

$$M_b(I) = EI\left(r \frac{d^2\cos\alpha}{dI^2} - k_0\right) \tag{3-24}$$

将物理方程式(3-23)、式(3-24)代入平衡方程式(3-19)~式(3-21)并将高阶微小项略去后可以得到：

$$\frac{dM_\tau}{dI} = 0 \tag{3-25}$$

$$F_b = EIr \frac{d^3\sin\alpha}{dI^3} + F_{\theta\tau} r \frac{d\sin\alpha}{dI} \tag{3-26}$$

$$F_m = -EIr \frac{d^3\cos\alpha}{dI^3} - F_{\theta\tau} r \frac{d\cos\alpha}{dI} \tag{3-27}$$

将式(3-27)代入式(3-16)后并将高阶微小项 $k_0 r$ 略去可得：

$$\frac{dF_{\theta\tau}}{dI} = q_\theta \cos\beta - (f_1 N + f_{in} + f_{out}) \tag{3-28}$$

方程式(3-17)和式(3-8)移项后可得：

$$N\cos\alpha = \frac{dF_m}{dI} + k_0 F_{\theta\tau} - T_0 F_b + q_e \frac{\sin\beta}{k_0} \frac{d\beta}{dI} \tag{3-29}$$

$$N\sin\alpha = q_e \frac{\sin^2\beta}{k_0} \frac{d\gamma}{dI} - \frac{dF_b}{dI} - T_0 F_m \tag{3-30}$$

将式(3-29)两边同时乘以 $\cos\alpha$ 并加上两边同时乘以 $\sin\alpha$ 后的式(3-30)，可得到求正压力的公式为如下：

$$N = \left(\frac{dF_m}{dI} + k_0 F_{\theta\tau} - T_0 F_b + q_e \frac{\sin\beta}{k_0} \frac{d\beta}{dI}\right)\cos\alpha + \left(q_e \frac{\sin^2\beta}{k_0} \frac{d\gamma}{dI} - \frac{dF_b}{dI} - T_0 F_m\right)\sin\alpha$$

将式(3-29)两边同时乘以 $\sin\alpha$ 并减去两边同时乘以 $\cos\alpha$ 后的式(3-30)可得：

$$\left(\frac{dF_m}{dI} + k_0 F_{\theta\tau} - T_0 F_b + q_e \frac{\sin\beta}{k_0} \frac{d\beta}{dI}\right)\sin\alpha - \left(q_e \frac{\sin^2\beta}{k_0} \frac{d\gamma}{dI} - \frac{dF_b}{dI} - T_0 F_m\right)\cos\alpha = 0$$

将式(3-26)、式(3-27)代入以上两式，得到三维弯曲井眼中管柱的变形微分方程为：

$$N = F_{\theta\tau} r \left(\frac{d\alpha}{dI}\right)^2 - EIr\left[\left(\frac{d\alpha}{dI}\right)^4 - 4\frac{d\alpha}{dI} \cdot \frac{d^3\alpha}{dI^3} - 3\left(\frac{d^2\alpha}{dI^2}\right)^2\right] + d_n\cos(\alpha-\theta) \tag{3-31}$$

$$\frac{d^4\alpha}{dI^4} + \frac{d}{dI}\left[\frac{F_{\theta\tau}}{EI}\frac{d\alpha}{dI} - 2\left(\frac{d\alpha}{dI}\right)^3\right] + \frac{d_n}{EIr}\sin(\alpha-\theta) = 0 \tag{3-32}$$

其中：

$$\tan\theta = \frac{d_1}{d_2}; \quad d_1 = q_e\frac{\sin^2\beta}{k_0}\frac{d\gamma}{dI}; \quad d_2 = k_0 F_{\theta\tau} + q_e\frac{\sin\beta}{k_0}\frac{d\beta}{dI} \tag{3-33}$$

$$d_n = \sqrt{d_1^2 + d_2^2} = \sqrt{\left(q_e\frac{\sin^2\beta}{k_0}\frac{d\gamma}{dI}\right)^2 + \left(k_0 F_{\theta\tau} + q_e\frac{\sin\beta}{k_0}\frac{d\beta}{dI}\right)^2} \tag{3-34}$$

根据方程式（3-28）、式（3-31）、式（3-32）和具体的边界条件，便可以确定相应的三个未知量：轴向力 $F_{\theta\tau}(I)$、正压力 $N(I)$ 以及偏转角 $\theta(I)$。

当管柱在失稳弯曲后，$F_{e\tau}(I)$ 相对于偏转角 $\alpha(I)$ 来说是 I 的一个慢变函数，因此在对方程（3-32）的分析求解时，$F_{e\tau}$ 可以被当作是一个常数来进行处理。同理可得，d_n 和 θ 也都是 I 的慢变参数，因此同样可以被当作常数来处理。若令 $\dot{\alpha} = \alpha - \theta$ 并将其分别代入方程（3-31）和方程（3-32）中，便可以消除（为了代入简单起见，$\dot{\alpha}$ 仍然用 α 来表示）。当 $d_n \neq 0$ 成立时，则可以通过以下的无因次化变换，使得上述变形微分方程（3-28）、方程（3-31）和方程（3-32）得到极大的简化。

令：$a = \left(\frac{d_n}{EIr}\right)^{\frac{1}{4}}$；$b = \frac{F_{e\tau}}{2EIa^2} = \frac{F_{e\tau}}{2}\left(\frac{r}{EId_n}\right)^{\frac{1}{2}}$；$c = aI$；$m_1 = -\frac{afr}{2}$；$m_2 = \frac{q_e\cos\beta - f_{in} - f_{out}}{2EIa^3}$；$n = \frac{N}{d_n}$

其中，a 表示无因次长度；b 表示无因次轴力；m_1 表示无因次摩擦系数；m_2 表示无因次轴向分布载荷系数；n 表示无因次正压力。

把上述几个通过无因次化变换后的参数代入变形微分方程（3-28）、方程（3-31）和方程（3-32）后并简化可分别得到如下几个无因次形式的变形微分方程：

$$\frac{d^4\alpha}{dc^4} + 2\frac{d}{dc}\left\{\left[b - \left(\frac{d\alpha}{dc}\right)^2\right]\frac{d\alpha}{dc}\right\} + \sin\alpha = 0 \tag{3-35}$$

$$\frac{db}{dc} = nm_1 + m_2 \tag{3-36}$$

$$n = -\left(\frac{d\alpha}{dc}\right)^4 + 4\frac{d\alpha}{dc}\frac{d^3\alpha}{dc^3} + 3\left(\frac{d^2\alpha}{dc^2}\right)^2 + 2b\left(\frac{d\alpha}{dc}\right)^2 + \cos\alpha \tag{3-37}$$

四个无因次参数 a、c、m_1 和 m_2 可以反映出管柱在井下受力的影响因素，通过分析这四个无因次参数的变化而引起的方程的解的变化规律，便可以全面了解管柱在三维弯曲井眼中的受力和变形行为受到几何、物理和载荷等因素的影响。

（1）斜直井：对于垂直井来说，井斜角 $\beta_0 = 0$；对于水平井来说，井斜角 $\beta_0 = \frac{\pi}{2}$；在斜直井中，存在 $\frac{d\gamma}{dI} = 0$，$k_0 = 0$，$\beta = \beta_0$，代入变形微分方程中可以得到 $d_n = q_\theta\sin\beta$，在这种情况下同 Mitchell 所导出的方程完全一样。

（2）平面弯曲井：一般情况下，井眼轨迹的方位角变化率相对于井斜角的变化率来说是小量，这种情况时可令方位角变化率$\dfrac{\mathrm{d}\gamma}{\mathrm{d}I}\approx 0$，即可将三维弯曲井眼简化成二维平面弯曲井，

因此根据式井眼轨迹曲线的曲率、挠率以及变形微分方程可以得到：$k_0=\dfrac{\mathrm{d}\beta}{\mathrm{d}I}$；$T_0=0$；$d_1=0$；

$\theta=0$；$d_2=F_{\mathrm{e}\tau}\dfrac{\mathrm{d}\beta}{\mathrm{d}I}+q_\theta\sin\beta=d_\mathrm{n}$。

因此，可得在弯曲井眼中，正压力不但与管柱自重 q_θ 有关，而且还与轴力 $F_{\mathrm{e}\tau}$ 有关。随着轴向压缩载荷的增加 d_n 的值也会随之增加，而随着轴向拉伸载荷的增加 d_n 值会随之降低。

（3）稳定状态：当管柱处于稳定状态时，偏转角 $\alpha=0$，这种情况时存在 $N=d_\mathrm{n}$，这时根据方程(3-28)可给出在稳定状态时摩擦阻力的计算结果，正压力及摩擦阻力的计算公式与 Jonhansic 所给出的计算公式一样。

3.1.3 临界载荷

对于实际管柱，无因次摩擦系数 m_1 和无因次轴向分布载荷系数 m_2 都是小量，并且 d_n 和 θ 都是慢变函数，r 也是微小量，因此，在对管柱变形微分方程(3-35)进行求解时，可将

无因次轴力表达式 $b=\dfrac{F_{\mathrm{e}\tau}}{2}\left(\dfrac{r}{EId_\mathrm{n}}\right)^{\frac{1}{2}}$ 当作一个常数来进行近似处理。

当在轴向载荷和扭矩作用下，还没有使管柱达到发生失稳前，即在未发生屈曲时，管柱应该在自身重力的作用下紧贴在井壁的下部，即保持为直线平衡状态，则容易得出偏转角在这种情况时的值为 $\alpha=m\pi$（m 为整数）。

随着下入时摩擦力的增加，则作用在管柱上的轴向压缩载荷的值也随之增加，当增加到一定值时，管柱的状态将不能再继续保持为直线平衡状态。根据实验观测和理论分析可知，管柱将会首先变成与正弦曲线比较相似的空间曲线，这时 $\dfrac{\mathrm{d}\alpha}{\mathrm{d}c}$ 的值不是一个常数，设管柱发

生正弦屈曲后，在长度为 L 的跨段上一共形成的正弦波数目为 s 个。令 $\omega=\dfrac{2s\pi}{L}$，$\alpha=\lambda\sin\omega I$

则可根据正弦波的性质得到如下几个表达式：

$$\frac{\mathrm{d}\alpha}{\mathrm{d}I}=\lambda\omega\cos\omega I;\quad \frac{\mathrm{d}^2\alpha}{\mathrm{d}I^2}=-\lambda\omega^2\sin\omega I$$

$$1-\cos\alpha=\frac{\lambda^2\sin^2\omega I}{2}-\frac{\lambda^4\sin^4\omega I}{24}+o(\lambda^4);\quad \sin\alpha=\lambda\sin\omega I-\frac{\lambda^3\sin^3\omega I}{6}+o(\lambda^3)$$

$$\frac{\mathrm{d}^2\cos\alpha}{\mathrm{d}I^2}=-\cos\alpha\left(\frac{\mathrm{d}\alpha}{\mathrm{d}I}\right)^2-\sin a\frac{\mathrm{d}^2\alpha}{\mathrm{d}I^2}=-\lambda^2\omega^2\cos2\omega I-\frac{1}{12}\lambda^4\omega^2\left(\cos2\omega I-\cos4\omega I\right)+o(\lambda^4)$$

将以上各式代入方程中，并将高阶小量略去不计后可以得到：

$$U_1=\int_0^L\Omega\mathrm{d}I=\frac{1}{2}EIk_0{}^2L+\frac{1}{4}EIr^2\left[\frac{3}{4}\lambda^4\omega^4+\lambda^2\omega^4-\frac{F_{\mathrm{e}\tau L}}{EI}\lambda^2\omega^4+\frac{d_2}{EIr}\left(\lambda^2-\frac{\lambda^4}{16}\right)\right]L \quad (3-38)$$

其中，三维弯曲井眼中管柱的稳态势能，即初始势能为：$U_0=\dfrac{1}{2}EIk_0^2L$。根据势能的驻值原理，将总势能分别对 λ 和 ω 求偏导并进行化简后可以得到：

$$3\lambda^2\omega^4+2\omega^4-2\frac{F_{e\tau L}}{EI}\omega^2+2\frac{d_2}{EIr}\left(1-\frac{\omega^2}{8}\right)=3\lambda^2\omega^4+2\omega^4-4ba^2\omega^2+2a^2\left(1-\frac{\omega^2}{8}\right)=0 \tag{3-39}$$

$$3\lambda^2\omega^2+4\omega^2-2\frac{F_{e\tau L}}{EI}=3\lambda^2\omega^2+4\omega^2-4ba^2=0 \tag{3-40}$$

将方程(3-40)两边同时乘以 ω^2 再减去方程(3-39)后可以得到:

$$\omega=a\left(1-\frac{\omega^2}{8}\right)^{\frac{1}{4}} \tag{3-41}$$

对方程(3-40)进行求解可以得到:

$$\lambda_1=\sqrt{\frac{4(ba^2-\omega^2)}{3\omega^2}} \tag{3-42}$$

若将方程(3-39)的相对小量 $\frac{\omega^2}{8}$ 舍去后再与方程(3-40)联立求解可以求出:

$$\omega_1=(a^4)^{\frac{1}{4}}=a \tag{3-43}$$

将式(3-43)代入方程(3-40)后便可以求出:

$$\lambda_1=\sqrt{\frac{4(b-1)}{3}} \tag{3-44}$$

将式(3-43)代入式(3-38)后可以得出:

$$c=aI=\omega I;\quad U_s=\frac{1}{2}EIk_0^2L-\frac{13}{36}EIr^2a^4(b-1)^2L \tag{3-45}$$

根据最小势能原理以及 $U_0 \geqslant U_s$ 便可以求出管柱发生正弦屈曲时的临界载荷为:

$$b_{crs}=1;\quad F_{crs}=\sqrt{\frac{4EId_n}{r}} \tag{3-46}$$

于是可得,当井下管柱发生正弦屈曲时,变形微分方程存在周期解:

$$a(c)=\sqrt{\frac{4(b-1)}{3}}\sin c \tag{3-47}$$

随着下入深度的增加,作用在管柱上的轴向载荷继续增加时,则其变形也会随之继续增大,最终会由正弦屈曲形态过渡到螺旋屈曲形态。螺旋弯曲分为:弹性螺旋弯曲(弯曲力去掉,管柱恢复原来直线状态)和永久性螺旋弯曲(当螺旋弯曲力去掉后,管柱仍保持螺旋弯曲状态)。在该处指的弹性弯曲。

设发生螺旋屈曲后在长度为 L 的距离上所形成的螺旋环的个数为 s 个,这时设 $\alpha=\alpha_0L$,$\alpha_0=\frac{2s\pi}{L}$,则可以得到:

$$\frac{d\alpha}{dI}=\alpha_0\quad \frac{d^2\alpha}{dI^2}=0$$

$$1-\cos\alpha=1-\cos(\alpha_0I)$$

$$\sin\alpha=\sin(\alpha_0I)$$

$$\frac{d^2\cos\alpha}{dI^2}=-\alpha_0^2\cos(\alpha_0I)$$

根据管柱的总势能：

$$U = Q - W_F - W_f = \int_0^L \Omega \mathrm{d}l$$

$$\Omega = \frac{1}{2}EIk_o^2 - EIrk_o \frac{\mathrm{d}^2\cos\alpha}{\mathrm{d}l^2} + \frac{1}{2}EIr^2\left[\left(\frac{\mathrm{d}\alpha}{\mathrm{d}l}\right)^4 + \left(\frac{\mathrm{d}^2\alpha}{\mathrm{d}l^2}\right)^2\right] - \frac{F_{e\tau L}}{2}r^2\frac{\mathrm{d}\alpha^2}{\mathrm{d}l} -$$

$$rq_e\frac{\sin\beta}{k_o}\left[\sin\alpha\sin\beta\frac{\mathrm{d}\gamma}{\mathrm{d}l} - (1-\cos\alpha)\frac{\mathrm{d}\beta}{\mathrm{d}l}\right] - F_{rel}rk_o(\cos\alpha - 1)$$

联立上式，并将高阶小量略去不计后可以得到：

$$U_h = \int_0^L \Omega \mathrm{d}I = \frac{1}{2}EIk_0^2L + \frac{1}{2}EIr^2\left(\alpha_0^4 - \frac{F_{\theta\tau L}}{EI}\alpha_0^2 + \frac{2d_2}{EIr}\right)L \tag{3-48}$$

根据势能驻值原理，将总势能对 α_0 求偏导可得：$2\alpha_0^2 - \dfrac{F_{\theta\tau L}}{EI} = 0$，因此可以解出：

$$\alpha_0 = \sqrt{\frac{F_{\theta\tau L}}{2EI}} = a\sqrt{b} \tag{3-49}$$

将式(3-49)代入式(3-48)后可得：

$$U_h = \frac{1}{2}EIk_0^2 + \frac{1}{2}EIra(2-b^2)L^4 \tag{3-50}$$

根据最小势能原理以及 $U_s \geq U_h$ 便可以求出管柱发生螺旋屈曲时的临界载荷为：

$$F_{crh} = 1.518\sqrt{\frac{4EId_n}{r}} \tag{3-51}$$

于是当井下管柱发生螺旋屈曲时，变形微分方程存在螺线解为：

$$\alpha(c) = aI\sqrt{b} = c\sqrt{b} \tag{3-52}$$

根据式(3-46)和式(3-51)可以看出：$F_{cr} = 2b_{cr}\sqrt{\dfrac{EId_n}{r}}$，即：

$$F_{cr}^4 = \left(\frac{4b_{cr}EI}{r}\right)^2\left[\left(\frac{q_\theta\sin^2\beta}{k_0}\frac{\mathrm{d}\gamma}{\mathrm{d}I}\right)^2 + \left(k_0F_{cr} + \frac{q_\theta\sin^2\beta}{k_0}\frac{\mathrm{d}\beta}{\mathrm{d}I}\right)^2\right] \tag{3-53}$$

因此当方位角的变化率很小时，便可将 $\dfrac{\mathrm{d}\gamma}{\mathrm{d}I}$ 的影响略去不计，式(3-53)便可化简为：

$$F_{crI}^2 = \left(\frac{4b_{cr}^2EI}{r}\right)(k_0F_{crI} + q_\theta\sin\beta) \tag{3-54}$$

对上述所得 F_{crI} 的一元二次方程(3-54)进行求解可以得出：

$$F_{crI} = \frac{2b_{cr}^2EIk_0}{r}\left(1 + \sqrt{1 + \frac{q_\theta r\sin\beta}{b_{cr}^2EIk_0^2}}\right) \tag{3-55}$$

若 $\dfrac{q_\theta r\sin\beta}{b_{cr}^2EIk_0^2}$ 的值较小时，可以将它的影响略去不计，于是根据式(3-55)可以求出：

$$F_{cr2} = \frac{4b_{cr}^2EIk_0}{r} \tag{3-56}$$

若 $\dfrac{q_\theta r \sin\beta}{b_{cr}^2 EI k_0^2}$ 的值远远大于 1 时，根据式（3-55）可以求出：

$$F_{cr3} = 2b_{cr}\sqrt{\dfrac{EI q_\theta \sin\beta}{r}} \tag{3-57}$$

对于斜直井来说，井眼曲率的值为零（$k_0 = 0$），因此根据式（3-54）可以得出：

$$F_{cr4} = 2b_{cr}\sqrt{\dfrac{EI q_\theta \sin\beta}{r}} \tag{3-58}$$

当 $b_{cr} = b_{crs}$ 时对应于管柱发生正弦屈曲时的临界载荷，$b_{crs} = b_{crh}$ 时对应于管柱发生螺旋屈曲时的临界载荷。

3.1.4 管柱变形分析

1）管柱载荷分析

根据无因次轴力 b 的取值范围不同来确定管柱在井下所处的平衡状态：当 b 的值小于等于 1 时，管柱处于稳定状态；当 b 的值大于 1 而小于 1.518 时，管柱处于正弦屈曲状态；当 b 的值大于 1.518 时，管柱处于螺旋屈曲状态。在不同平衡状态下，变形微分方程的解 α 取值也不同：

$$\alpha = \begin{cases} 0 & b \leqslant 1 \\ \sqrt{\dfrac{4(b-1)}{3}}\,\mathrm{sin}c & 1 < b < 1.518 \\ c\sqrt{b} & b \geqslant 1.518 \end{cases} \tag{3-59}$$

将式（3-59）代入式（3-37）便可求得管柱处于不同状态时无因次正压力 n 的值。

（1）在直线平衡状态时：$n = 1$。

（2）正弦屈曲状态时，按泰勒公式将 $\cos\alpha$ 展开为：$\cos\alpha = 1 - \dfrac{\alpha^2}{2} + \dfrac{\alpha^4}{24} + o(\alpha^4)$，得

$$n_s = \dfrac{25}{36}(b-1)^2 + \dfrac{1}{3}(b-1) + 1 + \left(\dfrac{11}{27}b^2 - \dfrac{103}{27}b + \dfrac{92}{27}\right)\cos(2c) - \dfrac{23}{108}(b-1)^2\cos(4c)$$

上式在一个周期内的平均值是：

$$n_s = \dfrac{25}{36}(b-1)^2 + \dfrac{1}{3}(b-1) + 1$$

（3）发生螺旋屈曲状态时：

$$n_h = b^2 + \cos\sqrt{b}\,c$$

因此可得，上式一个周期内的平均值是：$n_h = b^2$。

综上所述，可以得出在管柱处于不同平衡状态下正压力平均值的分布为：

$$n_m = \begin{cases} 1 & b \leqslant 1 \\ \dfrac{25}{36}(b-1)^2 + \dfrac{1}{3}(b-1) + 1 & 1 < b < 1.518 \\ b^2 & b \geqslant 1.518 \end{cases} \tag{3-60}$$

将式(3-60)代入正压力的计算公式 $N=n_m d_n$ 后便可以确定出井下管柱上各点正压力。

无因次轴力的计算公式为:

$$\frac{\mathrm{d}b}{\mathrm{d}c} = nm_1 + m_2$$

可以得出用来表示管柱处于不同平衡状态下的无因次轴力计算公式,为如下形式:

$$\frac{\mathrm{d}b}{\mathrm{d}c} = \begin{cases} m_1 + m_2 & b \leqslant b_{\mathrm{crh}} \\ b^2 m_1 + m_2 & b > b_{\mathrm{crh}} \end{cases}$$

根据分析可知,当端部无因次轴力 $b_o = b(0)$、无因次分布力 m_2 和无因次摩擦力 m_1 取不同的值时,管柱将处于不同的平衡状态:当 b 的最小值大于 b_{crh} 时,整段管柱处于螺旋屈曲状态;当 b 的最大值小于等于 b_{crh} 时,整段管柱处于直线平衡状态或正弦屈曲状态;b_{crh} 大于等于 b 的最小值且小于 b 的最大值时,管柱有一部分处于直线平衡状态或正弦屈曲状态,而另一部分则处于螺旋屈曲状态。根据在无因次化时的定义,无因次参数 m_1、m_2 和 n 又都是 b 的函数,因此想要求出 b 的解析解是很难的,必须用数值分析法(如有限差分法)求得其数值解。为了能够更清楚地判断井下管柱的轴力受到以上不同参数的影响程度,下面以斜直井为例分析井下管柱所受到的轴力的分布情况。当轴向载荷持续增大时,必存在着相应的中性点,即使得管柱从直线平衡状态向正弦屈曲状态或从正弦屈曲状态向螺旋屈曲状态过渡的临界点,而在螺旋屈曲出现后,当继续增加载荷时,管柱将会发生自锁。

不考虑管柱的等效自重,且不考虑与井壁之间的库仑摩擦力在这种情况下 $m_1 = 0$、$m_2 = 0$,可以得到:

$$b(c) = b_0$$

因此可得,在这种情况下的无因次轴力 b 是一个常数。

不考虑管柱与井壁之间的库仑摩擦力在这种情况下 $m_1 = 0$、$m_2 \neq 0$,可以得到:

$$b(c) = m_2 c + b_0$$

因此可得,在这种情况下的无因次轴力 b 是呈线性分布的。

不考虑管柱的等效自重,但是考虑管柱与井壁之间的库仑摩擦力在这种情况下 $m_1 \neq 0$、$m_2 = 0$,可化简为如下形式:

$$\frac{\mathrm{d}b}{\mathrm{d}\xi} = \frac{\mathrm{d}b}{\mathrm{d}c} \cdot \frac{\mathrm{d}c}{\mathrm{d}\xi} = \begin{cases} 1 & b \leqslant b_{\mathrm{crh}} \\ b^2 & b > b_{\mathrm{crh}} \end{cases}$$

容易看出,b 是以 ξ 为变量的一个增函数,因此对于任意给定的端部无因此轴力 b,当 ξ 的值增加时,就会存在着相应的中性点 ξ_{crh},并且当 $\xi \leqslant \xi_{\mathrm{crh}}$ 时,$b \leqslant b_{\mathrm{crh}}$ 成立,管柱处于正弦稳定状态;而当 $\xi > \xi_{\mathrm{crh}}$ 时,此时 $b > b_{\mathrm{crh}}$,管柱处于螺旋屈曲状态。当发生螺旋弯曲后,b 的增大速度会随着 ξ 的增加而急剧加快,这时存在着自锁点 ξ_{lock},使得当 $\xi \to \xi_{\mathrm{lock}}$ 时,$b \to \infty$,这时管柱会发生自锁,对其求积分:

$$b(\xi) = \begin{cases} b_{\mathrm{crh}} + (\xi - \xi_{\mathrm{crh}}) & \xi \leqslant \xi_{\mathrm{crh}} \\ \dfrac{b_{\mathrm{crh}}}{1 - b_{\mathrm{crh}}(\xi - \xi_{\mathrm{crh}})} & \xi > \xi_{\mathrm{crh}} \end{cases}$$

其中,根据求解方程 $b(0) = b_0$ 可以得出中性点 ξ 的值是:

$$\xi_{crh} = \begin{cases} b_{crh} - b_0 & b_0 \leqslant b_{crh} \\ \dfrac{1}{b_0} - \dfrac{1}{b_{crh}} & b_0 > b_{crh} \end{cases}$$

可以看出,当 $1 - b_{crh}(\xi - \xi_{crh}) \to 0$ 时,$b(\xi) \to \infty$ 成立,这时管柱就会发生自锁,求解上式可以得出发生螺旋屈曲的自锁点 ξ_{lock} 的值是:

$$\xi_{lock} = \xi_{crh} + \frac{1}{b_{crh}} = \begin{cases} b_{crh} - b_0 + \dfrac{1}{b_{crh}} & b_0 \leqslant b_{crh} \\ \dfrac{1}{b_0} & b_0 > b_{crh} \end{cases}$$

管柱受轴向压力,且考虑其自重以及与井壁之间的库仑摩擦力这时 $m_1 \neq 0$,$m_2 \neq 0$,$m_1 m_2 < 0$,设 $m = -\dfrac{m_1}{m_2} > 0$,$K = b\sqrt{m}$,$\xi = c \cdot \mathrm{sgn}(m_2)\sqrt{-m_1 m_2}$,$K_0 = b_0\sqrt{m}$,$K_{crh} = b_{ccrh}\sqrt{m}$,则 $\dfrac{\mathrm{d}K}{\mathrm{d}\xi} = \dfrac{\mathrm{d}K}{\mathrm{d}b}\dfrac{\mathrm{d}b}{\mathrm{d}\xi} = \sqrt{m} \cdot \dfrac{1}{\mathrm{sgn}(m_2)\sqrt{-m_1 m_2}}\dfrac{\mathrm{d}b}{\mathrm{d}c}$。将以上各表达式代入轴力的计算式后并化简可得:

$$\frac{\mathrm{d}K}{\mathrm{d}\xi} = \begin{cases} 1 - m & K \leqslant K_{crh} \\ 1 - K^2 & K > K_{crh} \end{cases}$$

因此,当 m 的取值范围不同时,该微分方程解的形式是不同的:

(1) $0 < m < \dfrac{1}{b_{crh}^2} < 1$,这种情况下,$K_{crh} = b_{crh}\sqrt{m} < 1$。

当 $K < 1$ 时,可以看出,$K(\xi)$ 是一个增函数,因次必然存在着一中性点 ξ_{crh},使得 $K(\xi_{crh}) = K_{crh}$,这时对其求积分为:

$$K(\xi) = \begin{cases} K_{crh} + (1-m)(\xi - \xi_{crh}) & \xi \leqslant \xi_{crh} \\ \dfrac{(1+K_{crh})e^{2(\xi - \xi_{crh})} - (1-K_{crh})}{(1+K_{crh})e^{2(\xi - \xi_{crh})} + (1-K_{crh})} & \xi > \xi_{crh} \end{cases}$$

其中,可以根据 $K_0 = K(0)$ 求解得出中性点 ξ_{crh} 的值为:

$$\xi_{crh} = \begin{cases} \dfrac{K_{crh} - K_0}{1-m} & K_0 \leqslant K_{crh} \\ \dfrac{1}{2}\ln\dfrac{(K_0-1)(K_{crh}+1)}{(K_0+1)(K_{crh}-1)} & K_0 > K_{crh} \end{cases}$$

当 $K = 1$ 时,又因为 $K_{crh} < 1$,因此 $K < K_{crh}$ 一定会成立,所以 $\dfrac{\mathrm{d}K}{\mathrm{d}\xi} = 0$。

当 $K = 1$ 时,$K < K_{crh}$ 一定会成立,这时对其求积分为:

$$K(\xi) = \frac{(1+K_0)e^{2\xi} + (K_0-1)}{(1+K_0)e^{2\xi} - (K_0-1)} \qquad K > K_{crh}$$

可以根据 $(1+K_0)e^{2\xi} - (\kappa_0 - 1) = 0$ 求解得出相应的自锁点 ξ_{lock} 的值为:

$$\xi_{lock} = \frac{1}{2}\ln\frac{K_0-1}{K_0+1} \qquad K_0 > 1$$

根据上面的分析可以看出另一种自锁情况:在这种情况下,不管 K 的值是什么,当 $\xi \to \infty$

时，都有 $K(\xi) \to 1$ 成立，这说明在井口施加的松弛力无论是多大，传递到井底的压力由于摩阻力的作用变化是不大的。"自锁"载荷的值可以根据 $K(\xi) = 1$ 来得出：

$$b_{\mathrm{lock}} = \frac{1}{\sqrt{m}} = \sqrt{-\frac{m_2}{m_1}}$$

（2）$\dfrac{1}{b_{\mathrm{crh}}^2} \leqslant m < 1$，这时，$K_{\mathrm{crh}} = b_{\mathrm{crh}}\sqrt{m} \geqslant 1$。

在这种情况下，如果 $K_0 < K_{\mathrm{crh}}$，则根据 $\dfrac{\mathrm{d}K}{\mathrm{d}\xi} = 1 - m > 0$ 可以看出 $K(\xi)$ 是一个增函数，那么必然存在着中性点 $\xi_{\mathrm{crh}} = \dfrac{K_{\mathrm{crh}} - K_0}{1 - m}$；而根据 $\dfrac{\mathrm{d}K}{\mathrm{d}\xi} = 1 - K^2 > 0$ 可以看出 $K(\xi)$ 为一个减函数，因此根据的连续性可知 $K(\xi) \leqslant K_{\mathrm{crh}}$，对其求积分为：

$$K(\xi) = \begin{cases} K_0 + (1 - m)\xi & \xi \leqslant \xi_{\mathrm{crh}} \\ K_{\mathrm{crh}} & \xi > \xi_{\mathrm{crh}} \end{cases}$$

如果 $K_0 > K_{\mathrm{crh}}$，可以看出 $K(\xi)$ 为一个减函数，即必然存在着中性点 ξ_{crh}，使得 $K(\xi_{\mathrm{crh}}) = K_{\mathrm{crh}}$，且当 $\xi < \xi_{\mathrm{crh}}$ 时，$K(\xi) > K_{\mathrm{crh}}$；当 $\xi > \xi_{\mathrm{crh}}$ 时，$K(\xi) = K_{\mathrm{crh}}$，对其求积分为：

$$K(\xi) = \begin{cases} \dfrac{(1 + K_0)\,\mathrm{e}^{2\xi} + (K_0 - 1)}{(1 + K_0)\,\mathrm{e}^{2\xi} - (K_0 - 1)} & \xi \leqslant \xi_{\mathrm{crh}} \\ K_{\mathrm{crh}} & \xi > \xi_{\mathrm{crh}} \end{cases}$$

其中，可得出中性点的值是：

$$\xi_{\mathrm{crh}} = \frac{1}{2}\ln\frac{(K_0 - 1)(K_{\mathrm{crh}} + 1)}{(K_0 + 1)(K_{\mathrm{crh}} - 1)}$$

可根据求解 $(1 + K_0)\,\mathrm{e}^{2\xi} - (K_0 - 1) = 0$ 来得出相应的自锁点 ξ_{lock} 的值是：

$$\xi_{\mathrm{lock}} = \frac{1}{2}\ln\frac{K_0 - 1}{K_0 + 1}$$

同理，相应的自锁载荷可以解出得到为：

$$b_{\mathrm{lock}} = b_{\mathrm{crh}}$$

（3）$m = 1$，这时 $K_{\mathrm{crh}} = b_{\mathrm{crh}} > 1$，如果 $K_0 < K_{\mathrm{crh}}$，则 $\dfrac{\mathrm{d}K}{\mathrm{d}\xi} = 0$，$K(\xi) = K_0$ 是一个常数。如果 $K_0 > K_{\mathrm{crh}}$，则 $\dfrac{\mathrm{d}K}{\mathrm{d}\xi} < 0$，$K(\xi)$ 是一个减函数，此时的解及中性点、自锁点的解与在（2）中的分析相同。

（4）$m > 1$，这时 $K_{\mathrm{crh}} > 1$ 在这种情况下，$\dfrac{\mathrm{d}K}{\mathrm{d}\xi} < 0$ 对于任意的 K_0 值都成立，即 $K(\xi)$ 是一个减函数，所以必然存在着中性点 ξ，使得 $K(\xi_{\mathrm{crh}}) = K_{\mathrm{crh}}$。对其求积分得：

$$K(\xi) = \begin{cases} K_{\mathrm{crh}} - (m - 1)(\xi - \xi_{\mathrm{crh}}) & \xi \leqslant \xi_{\mathrm{crh}} \\ \dfrac{(1 + K_{\mathrm{crh}})\,\mathrm{e}^{2(\xi - \xi_{\mathrm{crh}})} + (K_{\mathrm{crh}} - 1)}{(1 + K_{\mathrm{crh}})\,\mathrm{e}^{2(\xi - \xi_{\mathrm{crh}})} - (K_{\mathrm{crh}} - 1)} & \xi > \xi_{\mathrm{crh}} \end{cases}$$

其中，可以根据求解 $K_0 = K(0)$ 得到中性点 ξ 的值：

$$\xi_{\text{crh}} = \begin{cases} \dfrac{K_0 - K_{\text{crh}}}{m-1} & K_0 \leqslant K_{\text{crh}} \\[3mm] \dfrac{1}{2}\ln\dfrac{(K_0-1)(K_{\text{crh}}+1)}{(K_0+1)(K_{\text{crh}}-1)} & K_0 > K_{\text{crh}} \end{cases}$$

可以根据求解 $(1+K_{\text{crh}})\,\text{e}^{2(\xi-\xi_{\text{crh}})} - (K_{\text{crh}}-1) = 0$ 得出相应的自锁点 ξ_{lock} 的值为：

$$\xi_{\text{lock}} = \begin{cases} \dfrac{K_0 - K_{\text{crh}}}{m-1} + \dfrac{1}{2}\ln\dfrac{K_{\text{crh}}-1}{K_{\text{crh}}+1} & K_0 \leqslant K_{\text{crh}} \\[3mm] \dfrac{1}{2}\ln\dfrac{K_0-1}{K_0+1} & K_0 > K_{\text{crh}} \end{cases}$$

管柱受轴向拉力作用，且考虑其与井壁之间的库仑摩擦力以及自重这时 $m_1 \neq 0$，$m_2 \neq 0$，$m_1 m_2 > 0$，设 $m = \dfrac{m_1}{m_2} > 0$，$K = b\sqrt{m}$，$\xi = c \cdot \text{sgn}(m_2)\sqrt{m_1 m_2}$，$K_0 = b_0\sqrt{m}$，$K_{\text{crh}} = b_{\text{ccrh}}\sqrt{m}$，则 $\dfrac{\mathrm{d}K}{\mathrm{d}\xi} = \dfrac{\mathrm{d}K}{\mathrm{d}b}\dfrac{\mathrm{d}b}{\mathrm{d}\xi} = \sqrt{m} \cdot \dfrac{1}{\text{sgn}(m_2)\sqrt{m_1 m_2}}\dfrac{\mathrm{d}b}{\mathrm{d}c}$。

将以上各式代入轴力的计算公式后并化简可以得到：

$$\frac{\mathrm{d}K}{\mathrm{d}\xi} = \begin{cases} 1+m & K \leqslant K_{\text{crh}} \\ 1+K^2 & K > K_{\text{crh}} \end{cases}$$

对上式进行积分求解可得：

$$K(\xi) = \begin{cases} K_{\text{crh}} + (1+m)(\xi-\xi_{\text{crh}}) & \xi \leqslant \xi_{\text{crh}} \\[3mm] \dfrac{K_{\text{crh}} + \tan(\xi-\xi_{\text{crh}})}{(1-K_{\text{crh}})\tan(\xi-\xi_{\text{crh}})} & \xi > \xi_{\text{crh}} \end{cases}$$

其中，可根据 $K_0 = K(0)$ 求解得到中性点 ξ_{crh} 的值是：

$$\xi_{\text{crh}} = \begin{cases} \dfrac{K_{\text{crh}} - K_0}{1+m} & K_0 \leqslant K_{\text{crh}} \\[3mm] \arctan K_{\text{crh}} - \arctan K_0 & K_0 > K_{\text{crh}} \end{cases}$$

当 $1 - K_{\text{crh}}\tan(\xi-\xi_{\text{crh}}) \to 0$ 时，$K(\xi) \to \infty$，管柱将发生自锁，螺旋屈曲后的自锁点 ξ_{lock} 的值是：

$$\xi_{\text{lock}} = \begin{cases} \arctan\dfrac{1}{K_{\text{crh}}} + \dfrac{K_{\text{crh}}-K_0}{1+m} & K_0 \leqslant K_{\text{crh}} \\[3mm] \arctan\dfrac{1}{K_{\text{crh}}} + \arctan K_{\text{crh}} - \arctan K_0 & K_0 > K_{\text{crh}} \end{cases}$$

管柱上任一点的剪力 $Q(s)$ 的大小为：

$$Q = \sqrt{F_{\text{m}}^2 + F_{\text{b}}^2}$$

$$\frac{Q^2}{(EIr)^2} = \left(\frac{\mathrm{d}^3\alpha}{\mathrm{d}l^3}\right)^2 + 9\left(\frac{\mathrm{d}^2\alpha}{\mathrm{d}l^2}\right)^2\left(\frac{\mathrm{d}\alpha}{\mathrm{d}l}\right)^2 + \left(\frac{\mathrm{d}\alpha}{\mathrm{d}l}\right)^6 - 2\frac{\mathrm{d}^3\alpha}{\mathrm{d}l^3}\left(\frac{\mathrm{d}\alpha}{\mathrm{d}l}\right)^3$$

$$+ \frac{2F_{\text{er}}}{EI}\left[\left(\frac{\mathrm{d}\alpha}{\mathrm{d}l}\right)^3\frac{\mathrm{d}\alpha}{\mathrm{d}l} - \left(\frac{\mathrm{d}\alpha}{\mathrm{d}l}\right)^4\right] + \left(\frac{F_{\text{er}}}{EI}\right)^2\left(\frac{\mathrm{d}\alpha}{\mathrm{d}l}\right)^2$$

若用 $q = \dfrac{Q}{EIra^3}$ 来表示无因次剪力，代入上述方程便可以得到下面的关系式：

$$q^2 = \left(\frac{d^3\alpha}{dc^3}\right)^2 + 9\left(\frac{d^2\alpha}{dc^2}\right)^2\left(\frac{d\alpha}{dc}\right)^2 + \left(\frac{d\alpha}{dc}\right)^6 - 2\frac{d^3\alpha}{dc^3}\left(\frac{d\alpha}{dc}\right)^3 +$$

$$4b\left[\frac{d^3\alpha}{dc^3}\frac{d\alpha}{dc} - \left(\frac{d\alpha}{dc}\right)^4\right] + 4b^2\left(\frac{d\alpha}{dc}\right)^2$$

在稳态时：$q = 0$。

当发生正弦屈曲时，将管柱发生正弦屈曲时的偏转角方程 $\alpha = \lambda \sin c$，其中 λ 为 $\sqrt{\dfrac{4(b-1)}{3}}$，可以得到：

$$q_s^2 = \frac{1}{2}(1-4b+4b^2)\lambda^2 + \frac{3}{4}(1-2b)\lambda^4 + \frac{9}{8}\lambda^4 + \frac{5}{16}\lambda^6 +$$

$$\left[\frac{1}{2}(1-4b+4b^2)\lambda^2 + \frac{15}{32}\lambda^6\right]\cos 2c +$$

$$\left[\frac{1}{4}(1-2b)\lambda^4 - \frac{9}{8}\lambda^4 + \frac{3}{16}\lambda^6 \cos 6c\right]$$

因此，其平均值是：

$$q_{smain}^2 = \frac{2}{27}(b-1)(10b^2+25b-26)$$

将无因此化时的定义 $a = \left(\dfrac{d_n}{EIr}\right)^{\frac{1}{4}}$ 代入上式后并进行化简可得到管柱在发生正弦屈曲时的剪力的平均值为：

$$Q_{smain} = (EIr)^{\frac{1}{4}} d_n^{\frac{3}{4}} \sqrt{\frac{2}{27}(b-1)(10b^2+25b-26)}$$

当发生螺旋屈曲时，将管柱发生螺旋屈曲时的偏转角方程 $\alpha = c\sqrt{b}$ 代入后可以得到：

$$q_h^2 = b^3$$

将 $q = \dfrac{Q}{EIra^3}$ 以及根据无因次化时的定义 $a = \left(\dfrac{d_n}{EIr}\right)^{\frac{1}{4}}$ 代入后并进行化简可得到管柱在发生螺旋屈曲时的剪力的值为：

$$Q_h = (EIr)^{\frac{1}{4}} d_n^{\frac{3}{4}} b^{\frac{3}{2}}$$

管柱上任一点的合弯矩 $M(I)$ 的大小为：

$$M(I) = \sqrt{M_m^2 + M_b^2}$$

其中：

$$M_m(I) = EIr\frac{d^2\sin\alpha}{dI^2}$$

$$M_b(I) = EI\left(r\frac{d^2\cos\alpha}{dI^2} - k_0\right)$$

$$\frac{M^2}{(EIr)^2}=\left(\frac{\mathrm{d}^2\alpha}{\mathrm{d}l^2}\right)^2+\left(\frac{\mathrm{d}\alpha}{\mathrm{d}I}\right)^4+\left(\frac{k_0}{r}\right)^2+2\frac{k_0}{r}\left[\sin\alpha\frac{\mathrm{d}^2\alpha}{\mathrm{d}l^2}+\cos\alpha\left(\frac{\mathrm{d}\alpha}{\mathrm{d}I}\right)^2\right]$$

用 $t=\dfrac{M}{EIra^2}$ 来表示无因次弯矩，将其代入上述方程后便可得到以下关系式：

$$t^2=\left(\frac{\mathrm{d}^2\alpha}{\mathrm{d}c^2}\right)^2+\left(\frac{\mathrm{d}\alpha}{\mathrm{d}I}\right)^4+\left(\frac{k_0}{ra^2}\right)^2+\frac{2k_0}{ra^2}\left[\sin\alpha\frac{\mathrm{d}^2\alpha}{\mathrm{d}c^2}+\cos\alpha\left(\frac{\mathrm{d}\alpha}{\mathrm{d}c}\right)^2\right]$$

稳态时：$t=\dfrac{k_0}{ra^2}$。

当发生正弦屈曲时，将管柱在发生正弦屈曲时的偏转角方程 $\alpha=\lambda\sin c$，其中 λ 为 $\sqrt{\dfrac{4(b-1)}{3}}$，代入上式，并将 $\cos\alpha$ 和 $\sin\alpha$ 按泰勒展开可得：

$$\cos\alpha=1-\frac{\lambda^2\sin^2c}{2}+\frac{\lambda^4\sin^4c}{24}+o(\lambda^4)$$

$$\sin\alpha=\lambda\sin c-\frac{\lambda^3\sin^3c}{6}+o(\lambda^3)$$

$$t_s^2=\frac{1}{2}\lambda^2+\frac{3}{8}\lambda^4+\left(\frac{k_0}{ra^2}\right)^2+\left[-\frac{\lambda^2}{2}+\frac{\lambda^4}{2}+\frac{2k_0}{ra^4}\left(\lambda^2-\frac{1}{12}\lambda^4\right)\right]\cos2c+$$

$$\left(\frac{k_0}{6ra^2}+\frac{1}{8}\right)\lambda^4\cos4c+o(\lambda^4)$$

因此，其平均值是：

$$t_{smain}^2=\frac{2}{3}(b-1)+\frac{6}{9}(b-1)^2+\left(\frac{k_0}{ra^2}\right)^2$$

将 $t=\dfrac{M}{EIra^2}$ 以及无因此化时的定义 $a=\left(\dfrac{d_n}{EIr}\right)^{\frac{1}{4}}$ 代入后并进行化简可得到管柱在发生正弦屈曲时的弯矩的平均值为：

$$M_{smain}=\sqrt{\frac{2EIrd_n}{3}(b-1)+\frac{6EIrd_n}{9}(b-1)^2+(EIk_0)^2}$$

当发生螺旋屈曲时，将管柱发生螺旋屈曲时的偏转角方程 $\alpha=c\sqrt{b}$ 代入后可得：

$$t_h^2=b^2+\left(\frac{k_0}{ra^2}\right)^2+\frac{2bk_0}{ra^2}\cos(\sqrt{b}c)$$

当 $\sqrt{b}c=2k\pi$，$(k=0,1,2\cdots)$ 时，$t_h c$ 取最大值，代入上式求解得：

$$t_{hmax}=b+\frac{k_0}{ra^2}$$

当 $\sqrt{b}c=k\pi$，$(k=0,1,2\cdots)$ 时，$t_h c$ 取得最小值，代入求解得：

$$t_{hmin}=b-\frac{k_0}{ra^2}$$

容易得出平均值是：

$$t_{hmain}^2 = b^2 + \left(\frac{k_0}{ra^2}\right)^2$$

化简可得到管柱在发生螺旋屈曲时的弯矩的平均值为：

$$M_{hmain} = \sqrt{EIrd_n b^2 + (EIk_0)^2}$$

2）应力分析

井下管柱所受到的应力可以根据在以上所讨论的管柱受力分析中判断出，主要存在以下几个主要应力：在液体内外压作用下所产生的径向应力 $\sigma_r(r, I)$ 和环向应力 $\sigma_\theta(r, I)$；在轴向力作用下所产生的轴向应力 $\sigma_F(I)$；由于井眼弯曲和管柱的正弦屈曲和螺旋屈曲所产生的轴向弯曲应力 $\sigma_M(I)$；由于剪力的作用而产生的横向弯曲应力 $\tau_Q(I)$。因此容易看出，井下管柱上任一点处的应力状态都是复杂的三向应力状态，因此必须按照第四强度理论对管柱进行应力校核。

根据材料力学中的厚壁圆筒理论可知，在内压 $P_{in}(I)$ 和外压 $P_{out}(I)$ 的联合作用下管柱上任意一点 $(r, 1)$ 处的径向应力 $\sigma_r(r, I)$ 和环向应力 $\sigma_\theta(r, I)$ 可以根据拉梅方程计算，计算公式分别如下：

$$\sigma_r(r, I) = \frac{P_{in}r_{in}^2 - P_{out}r_{out}^2}{r_{out}^2 - r_{in}^2} - \frac{r_{in}^2 r_{out}^2 (P_{in} - P_{out})}{r_{out}^2 - r_{in}^2} \cdot \frac{1}{r^2}$$

$$\sigma_\theta(r, I) = \frac{P_{in}r_{in}^2 - P_{out}r_{out}^2}{r_{out}^2 - r_{in}^2} + \frac{r_{in}^2 r_{out}^2 (P_{in} - P_{out})}{r_{out}^2 - r_{in}^2} \cdot \frac{1}{r^2}$$

其中，r_{in} 和 r_{out} 分别表示管柱的内半径和外半径；r 表示管柱截面上任意一点处的半径。

又因为最大应力点应该发生在管柱的内表面或者外表面，将 $r = r_{in}$ 和 $r = r_{out}$ 分别代入后便可分别得到由于液体的内外压作用而产生在管柱内外表面上的最大应力。

在内表面上，可得到径向应力和环向应力为：

$$\sigma_{ri} = -P_{in}; \quad \sigma_{\theta i} = \frac{P_{in}(r_{in}^2 + r_{out}^2) - 2r_{out}^2 P_{out}}{r_{out}^2 - r_{in}^2}$$

在外表面上，可得到径向应力和环向应力为：

$$\sigma_{ro} = -P_{out}; \quad \sigma_{\theta o} = \frac{2r_{in}^2 P_{in} - P_{out}(r_{in}^2 + r_{out}^2)}{r_{out}^2 - r_{in}^2}$$

管柱上任意一点处的真实轴力 $F_\tau I$ 为：

$$F_\tau I = F_{er}(I) - P_{in}(I)A_{in} + P_{out}(I)A_{out}$$

因此，由真实轴力所产生的轴向应力为：

$$\sigma_F(I) = \frac{F_\tau(I)}{A_{out} - A_{in}}$$

可以根据上述分析求得管柱上任意一点处的合弯矩 $M(I)$。根据在材料力学上的有关公式，在弯矩 M 作用下的平面内距管柱轴心为 r 处的轴向弯曲应力为：

$$\sigma_M(r, I) = \pm \frac{4Mr}{\pi(r_{out}^2 - r_{in}^2)}$$

根据上式容易看出，在管柱的内外表面上，弯曲应力的值分别为最大值和最小值，将 $r = r_{in}$ 代入上述关系式后，可以分别得到在管柱内表面上弯曲应力的最大值和最小值为：

$$\sigma_{\text{Mi}} = \pm \frac{4Mr_{\text{in}}}{\pi(r_{\text{out}}^2 - r_{\text{in}}^2)}$$

将 $r = r_{\text{out}}$ 代入后，可以分别得到在管柱外表面上弯曲应力的最大值和最小值为：

$$\sigma_{\text{Mo}} = \pm \frac{4Mr_{\text{out}}}{\pi(r_{\text{out}}^2 - r_{\text{in}}^2)}$$

管柱上任意一点处的合剪力的值 $Q(I)$ 可以根据在本章第一节中的分析求得。根据材料力学相关公式可求出最大剪应力为：

$$\sigma_{Q\text{max}} = \frac{4}{3} \frac{Q(I)(r_{\text{out}}^2 + r_{\text{out}} r_{\text{in}} + r_{\text{in}}^2)}{\pi(r_{\text{out}}^4 - r_{\text{in}}^4)}$$

由于剪切应力的值相对于弯曲应力的值较小，因此，在一般情况下可将剪切应力略去不计。

根据第四强度理论可以求出井下管柱的 Mises 应力为：

$$\begin{cases} \sigma_1 = \frac{1}{\sqrt{2}} \left[(\sigma_F + \sigma_{\text{Mi}} - \sigma_{\text{ri}})^2 + (\sigma_F + \sigma_{\text{Mi}} - \sigma_{\theta\text{i}})^2 + (\sigma_{\text{ri}} - \sigma_{\theta\text{i}})^2 \right]^{\frac{1}{2}} \\[2mm] \sigma_2 = \frac{1}{\sqrt{2}} \left[(\sigma_F - \sigma_{\text{Mi}} - \sigma_{\text{ri}})^2 + (\sigma_F - \sigma_{\text{Mi}} - \sigma_{\theta\text{i}})^2 + (\sigma_{\theta\text{i}} - \sigma_{\text{ri}})^2 \right]^{\frac{1}{2}} \\[2mm] \sigma_3 = \frac{1}{\sqrt{2}} \left[(\sigma_F + \sigma_{\text{Mo}} - \sigma_{\text{ro}})^2 + (\sigma_F + \sigma_{\text{Mo}} - \sigma_{\theta\text{o}})^2 + (\sigma_{\text{ro}} - \sigma_{\theta\text{o}})^2 \right]^{\frac{1}{2}} \\[2mm] \sigma_4 = \frac{1}{\sqrt{2}} \left[(\sigma_F - \sigma_{\text{Mo}} - \sigma_{\text{ro}})^2 + (\sigma_F - \sigma_{\text{Mo}} - \sigma_{\theta\text{o}})^2 + (\sigma_{\text{ro}} - \sigma_{\theta\text{o}})^2 \right]^{\frac{1}{2}} \end{cases}$$

$$\sigma_{\text{max}} = \max[\sigma_{s4}]$$

许用应力为：

$$[\sigma] = \frac{\sigma_s}{n}$$

其中，σ_s 表示材料的屈服极限，n 表示许用安全系数。

则管柱的强度条件为：

$$\sigma_{\text{max}} < [\sigma]$$

3）轴向变形分析

管柱在井下的变形包括横向变形和纵向变形，但是管柱纵向尺寸（数量级一般为 10^3 m）相对于横向尺寸（数量级一般为 10^{-1} m）来说要大得多，从而横向变形量相对于纵向变形量来说也非常小，可以忽略不计，因此在分析井下管柱的变形时主要是指其轴向变形。在进行管柱的起下作业时，在卷筒和导引架上的塑性弯曲将会引起较大的残余应力，在轴向载荷、内外压、温差、弯曲的作用下，管柱总有伸长或缩短。主要有以下四种情况可改变管柱在井内的长度：温度变化产生的温度效应；内外压作用产生的鼓胀效应；轴力作用产生的轴力效应；失稳屈曲产生的弯曲效应（包括正弦屈曲效应和螺旋屈曲效应）。

（1）温度效应产生的轴向位移。

设在管柱上 I 处的初始温度为 $T_0(I)$，井下温度为 $T(I)$，材料的热膨胀系数为 η（一般取 1.2×10^{-5} m/℃），则由温度效应所产生的轴向位移 $U_T(I)$ 为：

$$\frac{dU_T(I)}{dI} = \eta[T(I) - T_0(I)]$$

$$U_T(I) = U_T(I_0) + \eta \int_{I_0}^{I} \left[T(I) - T_0(I) \right] dI$$

（2）膨胀效应（内外压）产生的轴向位移。

根据广义虎克定律，在内外压作用下所产生的轴向应变 ε_P 为：

$$\varepsilon_P(I) = -\frac{\upsilon}{E}(\sigma_r + \sigma_\theta) = \frac{2\upsilon(P_{out}t_{out}^2 - P_{in}t_{in}^2)}{E(t_{out}^2 - t_{in}^2)}$$

即：

$$\frac{dU_P}{dI} = \varepsilon_P = \frac{2\upsilon(P_{out}r_{out}^2 - P_{in}r_{in}^2)}{E(t_{out}^2 - t_{in}^2)}$$

则由内外压作用所产生的轴向位移 $U_P I$ 为：

$$U_P(I) = U_P(I_0) + \frac{2\upsilon}{E(t_{out}^2 - t_{in}^2)} \left[t_{out}^2 \int_{I_0}^{I} P_{out}(I) dI - t_{in}^2 \int_{I_0}^{I} P_{in}(I) dI \right]$$

式中，υ 表示泊松比（钢材取 0.3）。

（3）轴力效应产生的轴向位移。

根据虎克定律，轴向应力 $\sigma_F I$ 对应的轴向应变 $\varepsilon_F(I)$ 为：

$$\varepsilon_F(I) = \frac{\sigma_F(I)}{E} = -\frac{F_\tau(I)}{E(A_{out} - A_{in})}$$

即：

$$\frac{dU_F}{dI} = \varepsilon_F = -\frac{F_\tau(I)}{E(A_{out} - A_{in})}$$

则根据轴力效应所产生的轴向位移 $U_F(I)$ 为：

$$U_F(I) = U_F(I_0) - \frac{1}{E(A_{out} - A_{in})} \int_{I_0}^{I} F_\tau(I) dI$$

（4）弯曲效应产生的轴向位移。

失稳弯曲后两截面间管柱微元体沿轴线方向的相对位移为：

$$dU_\tau \approx \left[rk_0(\cos\alpha - 1) + \frac{1}{2}r^2\left(\frac{d\alpha}{dI}\right)^2 \right] dI$$

稳态时 $\alpha = 0$，因此 $dU_\tau = 0$；

当发生正弦屈曲时，根据偏转角的方程 $\alpha = \lambda\sin c$，其中 λ 为 $\sqrt{\dfrac{4(b-1)}{3}}$，并将 $\cos\alpha$ 按泰勒公式展开，代入后可以得出：

$$\cos\alpha = 1 - \frac{\lambda^2\sin^2 c}{2} + \frac{\lambda^4\sin^4 c}{24} + o(\lambda^4)$$

$$dU_\tau = \left[\frac{r^2a^2\lambda^2}{4} - \frac{rk_0\lambda^2}{4} + \frac{rk_0\lambda^4}{64} + \left(\frac{rk_0\lambda^2}{4} - \frac{rk_0\lambda^4}{8} + \frac{ra^2\lambda^2}{4} \right)\cos 2c + \frac{rk_0\lambda^4}{192}\cos 4c + o(\lambda^4) \right] dI$$

因此，其平均值是：

$$dU_{\tau main} = \left(\frac{r^2a^2\lambda^2}{4} - \frac{rk_0\lambda^2}{4} + \frac{rk_0\lambda^4}{64} \right) dI$$

$$= \left[\frac{r^2a^2}{3}(b-1) - \frac{rk_0}{3}(b-1) + \frac{rk_0}{36}(b-1)^2 \right] dI$$

当发生螺旋屈曲时，将偏转角方程 $\alpha = c\sqrt{b}$ 代入，并将 $\cos\alpha$ 按泰勒公式展开后可以得到：

$$dU_\tau \approx \left[rk_0 (\cos c\sqrt{b} - 1) \right] + \frac{r^2 a^2 b}{2} \bigg] dI$$

因此，其平均值为：

$$dU_{\tau main} = \left(\frac{ba^2 r^2}{2} - rk_0 \right) dI$$

由弯曲效应所产生的轴向位移 $U_B(I)$ 为：

$$U_B(I) = U_B(I_0) + \int_{I_0}^{I} U_{zmain} dI$$

（5）总的轴向位移。

管柱上任意一点的总位移 $U(I)$ 是上述四种位移的代数和：

$$U(I) = U(I_0) + \eta \int_{I_0}^{I} \left[T(I) - T_0(I) \right] dI + \frac{2v}{E(r_{out}^2 - r_{in}^2)} \left[r_{out}^2 \int_{I_0}^{I} P_{out}(I) \, dI - r_{in}^2 \int_{I_0}^{I} P_{in}(I) \, dI \right] -$$

$$\frac{1}{E(A_{out} - A_{in})} \int_{I_0}^{I} F_\tau(I) \, dI + \int_{I_0}^{I} \left[rk_0 (\cos\alpha - 1) + \frac{1}{2} r^2 \left(\frac{d\alpha}{dI} \right)^2 \right] dI$$

管柱处在三向应力状态下，剪应力为零。轴力 N 产生 δ_z，内压 P 产生 δ_r、δ_θ，环向应力和轴向应力为拉应力（正值），径向应力为压应力（负值）。利用第三强度理论和第四强度理论校核。

轴力产生 δ_z：

$$\delta_z = \frac{F}{A_{out} - A_{in}} + \frac{r_{in}^2 P}{r_{out}^2 - r_{in}^2}$$

其中，$A_{out} = \pi r_{out}^2$，$A_{in} = \pi r_{in}^2$，r_{in} 为内半径，m；r_{out} 为外半径，m；F 为轴力，N；P 为内压，Pa；r_{in} 为内半径，m；r_{out} 为外半径，m。

内压引起的任意半径 r 处的径向应力 δ_r：

$$\delta_r(r) = \frac{P r_{in}^2}{r_{out}^2 - r_{in}^2} - \frac{r_{in}^2 r_{out}^2 P}{r_{out}^2 - r_{in}^2} \cdot \frac{1}{r^2}$$

其中，r_{in} 为内半径，m；r_{out} 为外半径，m。

内压引起的任意半径 r 处的环向应力 δ_θ：

$$\delta_\theta(r) = \frac{P r_{in}^2}{r_{out}^2 - r_{in}^2} + \frac{r_{in}^2 r_{out}^2 P}{r_{out}^2 - r_{in}^2} \cdot \frac{1}{r^2}$$

已知内压 p 和轴力 F，计算得出 δ_z、δ_r、δ_θ，由于剪应力为零得出 δ_1、δ_2、δ_3，利用第三强度理论和第四强度理论进行强的校核。

第三强度理论：$\delta_1 - \delta_3 \leqslant [\delta]$。

第四强度理论：

$$\sqrt{\frac{1}{2} \left[(\delta_1 - \delta_2)^2 + (\delta_2 - \delta_3)^2 + (\delta_3 - \delta_1)^2 \right]} \leqslant [\delta]$$

3.1.5 套管柱下入性分析

套管可能的轴向载荷包括：自重、浮力、惯性力、冲击力、摩擦力、弯矩力以及完井过程中及完井后井内温度、压力变化产生的附加轴向力。

浮重：

$$W_b = \sum qLK_f, \quad K_f = \left(1 - \frac{\rho_m}{\rho_s}\right)$$

式中，ρ_m 为钻井液密度；ρ_s 为套管钢材密度；q 为套管单位长度重量；L 为套管长度；W_b 为套管柱的浮重；K_f 为浮力系数。

当注水泥过程中，当水泥浆刚返出套管鞋时，套管内全部充满水泥浆时，需要考虑管内水泥浆与管外钻井液的密度差引起的附加拉力，按下式计算：

$$T_c = \frac{\pi(\rho_c - \rho_m)}{4} d_i^2 H$$

式中，T_c 管内外压密度差引起的附加拉力；d_i 为套管内径；ρ_c 为水泥浆密度；H 为套管鞋下深。

套管在下入斜井或有严重"狗腿"的井段会产生弯曲应力，弯曲应力的计算公式是按纯弯曲梁导出的。由于弯曲效应增大了套管的拉力负荷，特别是在靠近丝扣啮合处易形成裂缝损坏，所以有考虑拉伸强度时需要扣除弯曲效应的影响。

弯曲拉应力按下列公式计算：

$$T_b = \frac{E r_o \phi \pi A}{L(180) \times 10^6}$$

式中，E 为钢的弹性模数，一般取 $E = 2.1 \times 10^8$，kPa；r_o 为套管外半径，cm；L 为弯曲段、长度，m；ϕ 为井斜变化角，（°）；A 为套管横截面积 cm²；T_b 为弯曲产生附加拉力，kN。

套管在下入过程中遇阻或在运动过程中坐卡瓦时将产生振动载荷。速度突然降为零时所产生的最大附加轴向载荷可由下式计算：

$$T_{shock} = Vq\sqrt{\frac{E}{\rho_s}}$$

式中，T_{shock} 运动载荷引起的轴向力；$\sqrt{\frac{E}{\rho_s}}$ 声音在钢中的传播速度；V 为瞬时套管下放速度。

固井过程中"碰压"时，胶塞与阻流环碰撞引起套管内压力升高，或候凝过程中套管试压，都将在浮箍上产生巨大的活塞力，在套管内产生较大的轴向载荷，由活塞力产生的轴向力可采用以下公式计算：

$$T_p = \pi P_{test} r_i^2$$

式中，T_p 为由套管活塞力引起的轴向力；P_{test} 为井口注水泥碰压值或套管试压值；r_i 为套管内半径。

套管有效轴向力是由自重、浮力、惯性力、冲击力、摩擦力、弯矩力以及完井过程中及完井后井内温度、压力变化产生的附加轴向力等的矢量和，在不同的工况条件下，套管所受的有效轴向载荷是不同的。

在下套管过程中，轴向载荷包括：①自重。②套管末端和每个截面变处的浮力。③井斜段施加的弯曲载荷。④摩擦阻力。⑤由最高下放速度忽然减速而产生的振动载荷，最大速度一般假定平均下入速度高50%，平均下入速度一般为 0.6~1m/s。⑥套管柱从卡瓦处提起时产生负载。一般情况下，套管柱上的任一接箍所受的最大轴向载荷是管柱旋紧后接箍从卡瓦中提起时的负载。⑦下套管过程中，如果套管遇阻，需要确定最大下放力。

注水泥过程中，如果注水泥量大，在水泥浆到达套管鞋时，套管内将全部充满水泥浆，套管的悬重达到最大值，因为浮力是由密度低于水泥浆的钻井液产生，此时轴向载荷的影响因素有：①浮重，浮重=套管在空气中的重量+管内水泥浆重量−管外钻井液浮力。②套管末端和变截面处的浮力。③斜井段的弯曲载荷。

如果注水泥过程中活动套管，那么轴向载荷的影响因素包括：①浮重。②套管末端和变载面处的浮力。③斜井段的弯曲载荷。④摩擦阻力。⑤从卡瓦处上提时产生的振动载荷。

注水泥过程最后的"碰压"时，或注水泥结束后套管试压，套管轴向载荷受以下因素的影响。①自重。②套管末端和变截面处的浮力。③斜井段的弯曲载荷。④浮箍上下胶塞引起的活塞力。

以上载荷，在套管设计过程中均需要加以考虑。

1) 套管柱下入遇阻时最大下放力分析

深井小尺寸套管下入遇阻时，随着下放力的增加，将产生失稳变形。根据鲁宾斯基的研究结果，套管失稳弯曲后具有如下特：由于井壁的限制作用，随着下放力的增加，套管柱将发生多次失稳弯曲；由于套管自重和钻井液浮力联合作用，套管柱失稳弯曲呈变节距的空间螺旋形状。套管弯曲会造成套管柱与井壁的接触，导致摩擦力增加，抵消了部分下放力，使得作用在卡点处的有效下放力减少。怎样保证在安全有效的前提下，确定深井小尺寸套管发生下入遇阻情况、实施下压套管措施时的最大下放力，对工程实践有着重要的指导作用。

套管在下放力 F 作用下发生空间螺旋弯曲后，套管柱会和井壁接触，对井壁产生正压力。根据相关资料表明，套管弯曲时对井壁产生的单位长度的正压力 Q 为：

$$Q = \delta \frac{rF^2}{EI}$$

当套管发生空间弯曲后，弯曲套管段与井壁接触的全部长度 L 为：

$$L = \frac{p}{q_m}$$

弯曲段套管与井壁的接触摩擦力 f 为：

$$f = Ql\mu = \frac{\delta \mu r}{q_m EI} F^3$$

套管所受实际有效下放力 F_0 为：

$$F_0 = F - f = F - \frac{\delta \mu r}{q_m EI} F^3$$

式中　F——套管下放力，N；

　　F_0——套管所受实际有效下放力，N；

　　Q——套管弯曲时对井壁产生的单位长度的正压力，N/m；

　　δ——正压力系数；

　　r——套管与井眼的间隙，m；

　　E——套管弹性模量，Pa；

　　I——套管惯性矩，m^4；

q_m——套管在钻井液中的单位长重，N/m；

μ——摩阻系数。

因此，施加在套管上的下放力 F 有一部分是用来克服摩擦力。当下放力 F 增加时，有效下放力 F_0 也在增加；当下放力的增加到一定值时，有效下放力会出现最大值。

令：

$$\frac{dF_0}{dF}=1-\frac{3\delta\mu r}{q_m EI}F^2=0$$

得到最大下放力 F_{max}：

$$F_{max}=\sqrt{\frac{q_m EI}{3\delta\mu r}}$$

当所施加的下放力 $F>F_{max}$ 时，套管实际所受到的有效下放力 F_0 会随着 F 的增加而减小，若再加大下放力是无意义的。代入有效下放力计算式，得最大有效下放力为：

$$F_{0max}=F_{max}-\frac{\delta\mu r}{q_m EI}F_{max}^3$$

为了分析深井小尺寸套管下入遇阻时最大下放力和最大有效下放力的变化规律，可以按照通常情况进行计算，计算条件见表 3-1，计算结果如图 3-3 所示。

表 3-1　$\Phi139.7$mm 套管最大下放力计算条件

套管尺寸/m	壁厚/m	单位重量/（N/m）	惯性矩/m⁴	钻头尺寸/m	环空间隙/m	弹性模量/Pa	正压系数	浮力系数
0.1397	0.01054	335.79	8.98×10^{-6}	0.2159	0.098	207×10^9	0.25	0.78

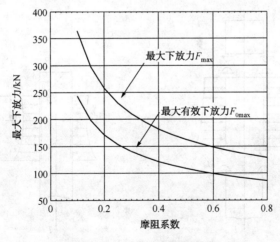

图 3-3　$\Phi139.7$mm 套管最大下放力

分析表明：

（1）超深井小尺寸套管下入遇阻时，随着摩阻系数增加，最大下放力和最大有效下放力减少。及时调整钻井液性能，减少钻井液摩阻系数，能提高最大下放力和最大有效下放力的幅度，有利于采用下压套管的措施解决超深井小尺寸套管下入遇阻问题。

（2）在实际下套管作业中，要根据井眼状况确定摩阻系数大小，从而预测最大的有效下放力，以便在下套管过程中下放力控制在相应范围以内，以确保下套管作业的安全性。

2）套管柱下入时的卡瓦挤毁分析

套管在卡瓦抱紧的情况下工作，受到重量及卡瓦径向压力的作用，其卡瓦和套管在井口的受力情况如图3-4所示：

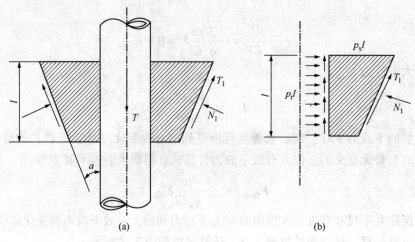

(a)   (b)

图3-4　卡瓦和套管受力图

将套管柱视为薄壳，图3-4所示为卡瓦内悬挂的管柱受外载情况。严格说来，图中轴向摩擦力 q 正比于径向压力 P_r，在 P_r 分布形状未定时，q 的分布形状也是未定的。为简化计算，假设摩擦力 q 沿轴向均匀分布，此时轴向载荷产生的应力可以用下式计算出来（图3-5、图3-6）：

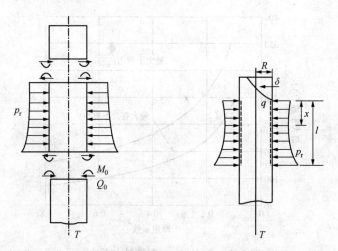

图3-5　卡瓦内悬挂的套管柱力学计算模型　　图3-6　套管柱内力分析

$$\begin{cases} \sigma_\varphi = 0 \\ \sigma_x = T/A \, (x \geq l) \\ \sigma_x = Tx \, (0 \leq x \leq l) \end{cases}$$

式中，T 为套管悬重，A 为套管截面积，l 为卡瓦有效长度。

由平衡条件得：

$$
\begin{cases}
\dfrac{T}{2\pi R}=N_1\sin\alpha+T_1\cos\alpha \\[2mm]
P_r l=N_1\cos\alpha+T_1\sin\alpha \\[2mm]
T_1=f_1 N_1
\end{cases}
$$

解得

$$
P_r=\frac{1-f_1\tan\alpha}{f_1+\tan\alpha}\cdot\frac{T}{2\pi Rl}=K\cdot\frac{T}{2\pi Rl}
$$

式中，K 为横向载荷系数，其值一般小于等于 3；f_1 为卡瓦与卡瓦座之间的摩擦系数；α 为卡瓦倾角。

将管柱沿卡瓦的上、下边缘截开，即分成三个分离体。在卡瓦以上和卡瓦以下，管柱的变形和受力均属于边缘效应问题，在薄壳理论中已有解答，这里主要研究卡瓦下边缘管柱截面上的内力。

由于边缘效应区很短，而卡瓦比较长，可以略去卡瓦上边缘的管柱内力对卡瓦下边缘管柱内力的影响，则卡瓦下边缘管柱内力和变形之间的关系应为：

$$
\begin{cases}
w_0=\dfrac{-M}{2\beta^2 D_s}+\dfrac{Q_0}{2\beta^3 D_s} \\[3mm]
\theta_0=\dfrac{M}{\beta D_s}-\dfrac{Q_0}{2\beta^2 D_s}
\end{cases}
$$

其中，$D_s=\dfrac{E\delta^3}{12(1-v_c^2)}$，$\beta=\left[\dfrac{3(1-v_c^2)}{R^2\delta^2}\right]^{1/4}$。

式中，M_0 为卡瓦以下管柱的边缘弯矩；Q_0 为剪力；w_0 为径向位移；θ_0 为转角；D_s 为管壁抗弯刚度；β 为管柱的几何参数；R 为套管壁面中间面半径；δ 为套管壁厚；v_c 套管钢材泊松比。

可得卡瓦下边缘管柱的弯矩 M_0 与管柱的变形 w_0 和 θ_0 之间的关系：

$$
M_0=2\beta^2 D_s\left(w_0+\frac{\theta_0}{\beta}\right)
$$

考虑到卡瓦及其后背刚度很大，因此，卡瓦与管壁接触点的径向位移可以近似地视为相等，其数值主要取决于卡瓦体。由于卡瓦长度比边缘效应区大得多，边缘力的影响也可以忽略不计。基于这些考虑，假定在卡瓦段内管柱的径向位移 $w=w_0=$ 常量，代入微分方程：

$$
D_s\frac{\mathrm{d}^4 w}{\mathrm{d}x^4}+\frac{E\delta}{R^2}w=P_r
$$

可得：

$$
w_0=\frac{P_r R^2}{E\delta}
$$

这样的结果相当于将卡瓦内的管柱段看作为受均布压力的薄壁圆筒。

由于卡瓦对管壁的约束不完整，所以，管柱在从卡瓦段到下面自由悬挂段的过渡区中有明显的倾角，此时按照管柱在卡瓦段受均布径向压力的条件来计算比较合适。

按薄壳理论，一段分布长度为1的均布径向压力在载荷下边缘处使管壁产生的转角应为：

$$\theta_0 = \frac{P_r}{8\beta^3 D_s}[e^{-\beta l}(\cos\beta l + \sin\beta l) - 1]$$

由于 $e^{-\beta l}$ 很小可以略去，因此近似地有

$$\theta_0 = \frac{P_r}{8\beta^3 D_s}$$

可以获得边缘力矩的近似值为：

$$M_0 = \beta^2 D_s \frac{P_r R^2}{E\delta}$$

根据柱壳理论，卡瓦下缘附近套管内壁最危险，横截面上的内力为：

$$N_x = \frac{T}{2\pi R}; \quad N_\varphi = \frac{E\delta}{R}w_0 = P_r R; \quad M_x = M_0 = \frac{\beta^2 R^2 D_s}{E\delta}p_r; \quad M_\varphi = \mu\frac{\beta^2 R^2 D_s}{E\delta}P_r$$

设 σ_1 和 σ_2 代表内壁的轴向应力和环向应力的绝对值，可得

$$\begin{cases} \sigma_1 = \frac{N_x}{\delta} + 6\frac{M_0}{\delta^2} = \frac{T}{A}(1 + 0.91\frac{KR}{l}) \\ \sigma_2 = \frac{N_\varphi}{\delta} - \frac{6\mu M_0}{\delta^2} = 0.73\frac{FKR}{Al} \end{cases}$$

根据第四强度理论，得到某种卡瓦内套管柱弹性承载能力为：

$$T = \frac{A\sigma_s}{\sqrt{1 + 2.55\frac{KR}{l} + 2.03\left(\frac{KR}{l}\right)^2}}$$

根据井内套管柱的类型、重量来选取所需套管卡瓦的最小安全长度，其计算式为：

$$l = \frac{\left\{-\sqrt{6.5 - 8.12\left[1 - \left(\frac{A\sigma_s}{T}\right)^2\right]} - 2.55\right\}KR}{2\left[1 - \left(\frac{A\sigma_s}{T}\right)^2\right]}$$

式中，K 为横向载荷系数；A 为套管截面积；R 为套管平均直径；T 为轴向拉力；σ_s 管材屈服强度。

3）套管抗卡瓦挤毁条件

根据井内套管柱的类型、重量来选取所需套管卡瓦的最小安全长度。以 A 井不同开次套管为例说明套管抗卡瓦安全可靠性分析，该井井身结构见表 3-1，计算结果见表 3-2、表 3-3。

表 3-2　A 井井身结构

开钻次序	井段/m	钻头尺寸/mm	套管尺寸/mm	套管下入井段/m	水泥封固段/m
一开	100	660.4	508	0~100	0~100

开钻次序	井段/m	钻头尺寸/mm	套管尺寸/mm	套管下入井段/m	水泥封固段/m
二开	2002	445	365.13	0~2000	0~2000
三开	4440	333.4	273.05	0~4438	2500~4438, 0~2200
四开	7000	241.3	215.9	4300~6998	4300~6998
五开	7250	177.8	139.7	6400~7248	6400~7248
回接	4300		196.85	200~4300	0~4300
			232.5	0~200	

表3-3　A井套管抗卡瓦挤毁安全条件

开钻次序	套管尺寸/mm	钢级	壁厚/mm	屈服强度/MPa	累计重/kN	卡瓦最小长度/mm	卡瓦许用安全长度/mm
二开	365.13	TP110V	13.88	759	2416	185	241
三开	273.05	TP140V	13.84	965	3780	269	350
四开	215.9	TP155V	17.46	1069	2276	92	120
五开	139.7	TP140v	12.09	965	322	9.2	12

当根据现有的制造卡瓦制造工艺水平，卡瓦的长度必须控制在一定范围以内。如果 $\Phi365.13mm$ 和 $\Phi273.05mm$ 套管卡瓦的长度不在制造技术范围内，需要知道一定长度范围内卡瓦的许可重量。取卡瓦长度为210mm，卡瓦的许可承受套管轴向载荷的大小如表3-4所示。$\Phi365.13mm$ 和 $\Phi273.05mm$ 套管超过卡瓦许用悬重后，需改用套管吊卡。

表3-4　A井套管卡瓦许用承载能力挤毁安全条件

开钻次序	套管尺寸/mm	钢级	壁厚/mm	屈服强度/MPa	累计重/kN	卡瓦允许最大悬重/kN	卡瓦许用安全悬重/kN
二开	365.13	TP110V	13.88	759	2416	2672	2055
三开	273.05	TP140V	13.84	965	3780	3179	2445
四开	215.9	TP155V	17.46	1069	2276	4196	3227
五开	139.7	TP140v	12.09	965	322	2208	1698

3.1.6　钻柱摩阻/扭矩分析

目前，通用的摩阻/扭矩模型首先是由 Johansick 提出的，该模型主要考虑了钻柱的重力、接触力和摩擦力，而没有考虑径向间隙、钻柱刚度、钻井液黏滞力、井眼曲率、挠率以及钻柱运动状态等的影响。由于钻柱只能传递拉力、压力和扭矩，且与井壁连续接触，因而该模型被称作软杆模型。

Sheppar 在 Johansick 的基础上考虑了钻柱内外压差对侧向力的影响，并将它改写成微分形式；Maidla 将管柱的重力与轴向力分解到切向、主法向和副法向三个方向，根据静力平衡得到了三维井眼钻柱摩阻计算模型，同时还简单考虑了钻井液动水压力梯度产生的黏滞力对大钩载荷的影响；He 在 Johansick 模型的基础上考虑了轴向与周向运动速度对摩阻/扭矩的影响开发了管柱摩阻/扭矩计算程序，并在程序中考虑了管柱屈曲对摩阻/扭矩的影响。

为了克服软杆模型没有考虑钻柱刚度而带来的计算误差，何华山提出了硬杆模型；根据有无钻柱与井壁接触位置的计算方法，可将现存的硬杆模型分为两种类型；第一种与软杆模型相同，假设钻柱与井壁连续接触，忽略了径向间隙对摩阻/扭矩的影响；第二种考虑了径向间隙对摩阻/扭矩的影响，变形后的钻柱与井眼轨迹不同。

何华山使用自然曲线坐标系和 Serret-Frenet 标架，考虑了钻柱的刚度、井眼曲率和挠率的影响，以大变形理论为基础，提出了改进的硬杆拉力扭矩模型。Mitchell 则考虑了旋转对接触位置的影响建立了摩阻/扭矩模型。与通常使用的有限差分、有限元和半解析方法不同，Menand 等编制的 ABIS 摩阻/扭矩计算软件使用一种新的数值方法来确定钻柱与井壁之间的未知接触，该方法克服了有限元分析耗时大的缺陷，同时考虑了钻柱旋转、钻柱接头、流体剪切力、高温高压井中温度等因素的影响，这与管柱实际情况比较接近，因而取得了较好的应用效果。此外，Ciccola 将静力分析与三弯矩方程相结合，采用迭代的方法进行套管与尾管摩阻计算，也取得了较好的应用效果。

在摩阻/扭矩的计算方面，我国的科研工作者做了大量的工作，基本与国外保持同步发展，目前可将国内的摩阻/扭矩模型分为以下几种：

高德利等将钻柱视为弹性体，通过求解弹性力学方程来计算摩阻/扭矩，求解弹性力学方程的方法主要是加权余量法和有限差分法，这是目前最常用的方法；帅健等人采用有限元方法计算摩阻/扭矩；苏义脑等采用三弯矩方程分析摩阻/扭矩。

Dawson 和 Paslay 第一次得出了斜井中管柱正弦屈曲临界载荷的计算公式，目前该公式依然被石油界广泛应用；Chen 分析了水平井管柱的正弦与螺旋屈曲，并得到了临界载荷的计算公式；Wu 通过对水平井管柱正弦与螺旋屈曲的分析得出了与 Chen 不同的螺旋屈曲临界载荷计算公式。

Mitchell 使用细长梁理论分析了无重杆的屈曲问题；他还研究了重力杆的螺旋屈曲问题，得出在重力影响下螺旋屈曲的间距是变化的；他系统地研究了摩阻和钻柱接头对屈曲的影响；通过理论分析提出螺旋屈曲可以诱发方向相反的扭矩与剪切力，在视半径较大的情况下诱发的扭矩甚至超过了钻柱的上扣扭矩。

Menand 实验与理论分析了井眼弯曲和旋转对管柱屈曲的影响，结果表明这些因素可以减小屈曲的临界载荷，但是在旋转的情况下，即使发生了螺旋屈曲钻柱轴向力依然可以很好地传递至钻头，不会发生自锁。

通过与目前的屈曲模型对比，发现目前的屈曲模型还不完善；我国从 20 世纪的 80 年代开始进行管柱屈曲的研究。高德利等研究了斜直井和水平井中管柱的屈曲问题，并分析了钻杆接头对屈曲的影响；高德利和刘凤梧采用解析法分析了压扭无重管柱的屈曲行为，得到了受压扭组合作用的管柱屈曲构形为精确的螺旋线的结论，随后研究了自重对水平井管柱的影响以及弯曲井眼中管柱的屈曲及后屈曲行为；高国华也对垂直井眼、水平井眼和弯曲井眼中管柱的屈曲行为进行了系统的研究。

1）摩阻计算模型

取钻柱微元如图 3-7 所示，其中 F 表示钻柱的合内力，M 表示钻柱的合内力矩，w 表示钻柱单位长度分布的外力，m 表示钻柱单位长度分布的外力矩。忽略剪切变形和振动阻尼及钻柱的动力效应，则钻柱微元的平衡方程为：

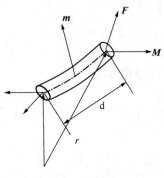

$$\frac{\mathrm{d}F}{\mathrm{d}s}+w=0$$

$$\frac{\mathrm{d}M}{\mathrm{d}s}+t\times F+m=0$$

图 3-7　钻柱微元

钻柱单位长度分布的外力 w 为：

$$w=w_{bp}+w_c+w_d$$

$$w_{bp}=f_b\,w_p$$

式中，w_{bp} 为钻柱单位长度的浮重，N/m；w_d 为钻柱单位长度的摩阻力，N；w_c 为钻柱单位长度的接触力，N/m；w_p 为钻柱单位长度的重量，N/m；f_b 为浮力系数。

假设在 $n-b$ 平面内钻柱与井壁的接触方向线与 n 向量之间的夹角为 θ，则钻柱单位长度的接触力 w_c 和摩阻力 w_d 及外力矩 m 为：

$$w_c=-w_c(\cos\theta n+\sin\theta b)$$

$$w_d=\mu_t w_c(\sin\theta n-\cos\theta b)-\mu_d w_c t-w_v t$$

$$m=-\mu_d r_o w_c(\sin\theta n-\cos\theta b)-\mu_t w_c r_o t-m_v t$$

式中，μ_d 为轴向摩阻系数，下放时为正，上提时为负；μ_t 为周向摩阻系数；w_v 为钻井液动力黏滞阻力，N；m_v 为钻井液黏性扭矩，N·m；r_o 为钻柱接头外径，m；t、n、b 分别钻柱微元的单位切向量、正法向量、副法向量。

钻柱为弹性体，其合内力 F 与合内力矩 M 可表示如下：

$$F=F_e t+F_n n+F_b b$$

$$F_e=F_a+F_{st}=F_a+(p_o+\rho_o v_o^2)A_o-(p_i+\rho_i v_i^2)A_i$$

$$M=EIkb+M_t t$$

式中，F_e 为有效轴向力，N；F_a 为轴向力，N；F_n、F_b 为剪切力，N；F_{st} 为流体对钻柱的反推力，N；p_o 为环空中钻井液压力，Pa；p_i 为钻柱内钻井液压力，Pa；v_o 为环空中钻井液流速，m/s；v_i 为钻柱内钻井液流速，m/s；A_o 为钻柱的外截面面积，m^2；A_i 为钻柱的内截面面积，m^2；M_t 为扭矩，N·m；E 为弹性模量，N/m^2；I 为惯性矩，m^4；k 为井眼曲率，m^{-1}。

钻柱受力平衡方程为：

$$\frac{\mathrm{d}F_e}{\mathrm{d}s}-kF_n+w_{bp}t_z-\mu_d w_c-w_v=0$$

$$\frac{\mathrm{d}F_n}{\mathrm{d}s}+F_e k-F_b\tau+w_{bp}n_z-w_c\cos\theta+\mu_t w_c\sin\theta=0$$

$$\frac{\mathrm{d}F_b}{\mathrm{d}s}+F_n\tau+w_{bp}b_z-w_c\sin\theta-\mu_t w_c\cos\theta=0$$

$$\frac{\mathrm{d}M_t}{\mathrm{d}s}-\mu_t r_o w_c-m_v=0$$

$$EI\frac{\mathrm{d}k}{\mathrm{d}s}+F_n+\mu_d r_o w_c \cos\theta = 0$$

$$-EIk\tau+M_t k-F_b-\mu_d r_o w_c \sin\theta = 0$$

整理可得：

$$\frac{\mathrm{d}F_e}{\mathrm{d}s}+EIk\frac{\mathrm{d}k}{\mathrm{d}s}+w_{bp}t_z-\mu_d w_c(1-kr_o\cos\theta)-w_v = 0$$

$$\frac{\mathrm{d}M_t}{\mathrm{d}s}-\mu_t r_o w_c-m_v = 0$$

$$w_c = \frac{\sqrt{(F_e k+\tau^2 EIk+w_{bp}n_z-\tau k M_t)^2+\left[w_{bp}b_z-(2\tau EI-M_t)\dfrac{\mathrm{d}k}{\mathrm{d}s}\right]^2}}{\sqrt{1+\mu_t^2+\tau^2\mu_d^2 r_o^2+2\mu_t\mu_d r_o\tau}}$$

$$\sin\theta = \frac{w_{bp}b_z-(2\tau EI-M_t)\dfrac{\mathrm{d}k}{\mathrm{d}s}+w_c\mu_t r_o k-(\mu_t-\mu_d r_o\tau)(F_e k+\tau^2 EIk+w_{bp}n_z-\tau k M_t)}{w_c[1+(\mu_t+\mu_d r_o\tau)^2]}$$

$$\cos\theta = (F_e k+\tau^2 EIk+w_{bp}n_z-\tau k M_t+\mu_t w_c\sin\theta-\tau\mu_d w_c r_o\sin\theta)/w_c$$

$$F_e(0) = W_{ob}$$

$$M_t(0) = T_{ob}$$

式中，τ 为井眼挠率，m^{-1}；W_{ob} 为钻压，N；T_{ob} 为钻头扭矩，$N\cdot m$；t_z 为钻柱微元的单位切向量在铅垂方向的分量；n_z 为钻柱微元的正法向量在铅垂方向的分量；b_z 为钻柱微元的副法向量在铅垂方向的分量；θ 为钻柱接触方向线与 n 向量之间的夹角，（°）。

由于样条插值函数具有良好的数学性质，可以使井眼更加平滑，因此样条插值方法被应用在井眼轨迹计算中。把井斜角和方位角看作井深的样条函数后，钻柱所受的轴向力、弯矩、剪力和法向接触力等参数相应的变为连续分布的函数，这更加符合钻柱的实际受力状态。由微分几何中 Frenet 公式可得：

$$t_z = \cos\alpha$$

$$n_z = \alpha'\sin\alpha/k$$

$$b_z = -\varphi'\sin^2\alpha/k$$

$$k = \sqrt{\left(\frac{\mathrm{d}\alpha}{\mathrm{d}s}\right)^2+\sin^2\alpha\left(\frac{\mathrm{d}\varphi}{\mathrm{d}s}\right)^2}$$

$$\frac{\mathrm{d}k}{\mathrm{d}s} = \frac{\dfrac{\mathrm{d}\alpha\mathrm{d}^2\varphi}{\mathrm{d}s\,\mathrm{d}s^2}+\dfrac{\mathrm{d}\varphi}{\mathrm{d}s}\left(\dfrac{\mathrm{d}\alpha\mathrm{d}\varphi}{\mathrm{d}s\,\mathrm{d}s}\cos\alpha+\dfrac{\mathrm{d}^2\varphi}{\mathrm{d}s^2}\sin\alpha\right)\sin\alpha}{k}$$

$$\tau = \frac{\sin\alpha\left(\dfrac{\mathrm{d}\alpha\mathrm{d}^2\varphi}{\mathrm{d}s\,\mathrm{d}s^2}-\dfrac{\mathrm{d}\varphi\mathrm{d}^2\alpha}{\mathrm{d}s\,\mathrm{d}s^2}\right)+\dfrac{\mathrm{d}\varphi}{\mathrm{d}s}\left[\left(\dfrac{\mathrm{d}\alpha}{\mathrm{d}s}\right)^2+k^2\right]\cos\alpha}{k^2}$$

钻柱单元的单位切向量可以由井斜角与井斜方位角来计算：

$$t = (\sin\alpha\cos\varphi,\ \sin\alpha\sin\varphi,\ \cos\alpha)$$

式中，α 为井斜角，（°）；φ 为井斜方位角，（°）。

应用数值方法求解常微分方程就可以获得钻柱的有效轴向力、侧向力、扭矩，接触位置角等参数。由于该摩阻/扭矩模型包含了轴向与周向的摩阻，因此，它可以适用于各种钻井工况下的管柱受力分析。

2）钻井液黏滞力模型

钻井液为非牛顿流体，最常用的钻井液流变模式为幂律和宾汉模式，而管柱可根据是否装有单流阀分为堵口管和开口管。忽略钻柱偏心的影响，通过同心环空螺旋流的分析来计算钻井液黏性扭矩。

幂律流体流变方程为：

$$\tau = K\gamma^n$$

式中，τ 为剪切应力，Pa；γ 为剪切速率，s^{-1}；K 为稠度系数，Pa·s；n 为流性指数。

宾汉流体流变方程为：

$$\tau = \eta\gamma + \tau_0$$

式中，τ_0 为屈服值，Pa；η 为塑性黏度，Pa·s。

钻柱相对于钻柱内钻井液的速度为：

$$v_{ap} = \pm v_p(1+C_c) - \frac{4Q_i}{\pi(d_o^2-d_i^2)}$$

钻柱相对于环空钻井液的速度为：

$$v_a = \pm v_p(1+C_c+C_d) + \frac{4Q_i}{\pi(d_w^2-d_o^2)}$$

式中，v_a 为环空内钻井液平均流速，m/s；v_{ap} 为钻柱内钻井液的平均流速，m/s；d_o 为钻柱外径，m；d_i 为钻柱内径，m；v_p 为钻柱平均运动速度，m/s；d_w 为井眼直径，m；C_c 为钻井液黏附常数；C_d 为钻井液顶替常数；Q_i 为管柱内的流量，m^3/s；

Q_i 堵口管时为正，开口管为负。当 Q_i 为负时，Q_i 的数值尚未确定，因此计算时必须用试算法求解，解法如下：用任一 Q_i 值代入上式中，求得环空和管柱内的泥浆流速，然后分别计算环空压降和钻柱内压降。当环空压降和钻柱内压降相等时钻柱底部压力平衡，泥浆分成两路流动，否则出现压差，泥浆只向一边流动，与计算前提矛盾，重复上述计算直到误差小于给定的误差界限。

层流时：$C_c = \dfrac{\delta_{ow}^2 - 2\delta_{ow}^2\ln\delta_{ow} - 1}{2(1-\delta_{ow}^2)\ln\delta_{ow}}$，紊流时 $C_c = \dfrac{\sqrt{\dfrac{\delta_{ow}^4+\delta_{ow}}{1+\delta_{ow}}} - \delta_{ow}^2}{1-\delta_{ow}^2}$；

开泵时：$C_d = \dfrac{d_o^2-d_i^2}{d_w^2-d_o^2}$，关泵时 $C_d = \dfrac{d_o^2}{d_w^2-d_o^2}$。

式中，δ_{ow} 为钻杆外径与井眼直径的比值，m/s。

管柱内幂律流体雷诺数为：

$$Re = \frac{8^{1-n}\rho d_i^n v^{2-n}}{K\left(\dfrac{3n+1}{4n}\right)^n}$$

环空中幂律流体雷诺数为：

$$Re = \frac{12^{1-n}\rho\,(d_w - d_o)^n v^{2-n}}{K\left(\dfrac{2n+1}{3n}\right)^n}$$

临界雷诺数为 $Re_c = 3470 - 1370n$，若 $Re < Re_c$ 则为层流，反之为紊流。

管柱内层流摩阻系数为：

$$f = 16/Re$$

环空中层流摩阻系数为：

$$f = 24/Re$$

紊流摩阻系数使用 Dodge-Metzner 半经验公式进行计算：

$$\frac{1}{f^{\frac{1}{2}}} = \frac{4}{n^{0.75}}\lg\left[Ref^{(1-0.5n)}\right] + \frac{0.4}{n^{1.2}}$$

管柱内宾汉流体雷诺数为：

$$Re = \frac{\rho d_i v}{\eta}$$

宾汉流体流态转化临界雷诺数由以下方程联立求得：

$$Re_c = \frac{He}{8X}\left(1 - \frac{4}{3}X + \frac{1}{3}X^4\right)$$

式中，He 与 X 皆为中间变量，其计算方法如下：

$$He = \frac{\rho \tau_0 d_i^2}{\eta^2}$$

$$\frac{X}{(1-X)^3} = \frac{He}{16800}$$

若 $Re < Re_c$ 则为层流，反之为紊流。

层流摩阻系数为：

$$\frac{f}{16} = \frac{1}{Re} + \frac{He}{6Re^2} + \frac{He^2}{3fRe^8}$$

紊流摩阻系数为：

$$f = \frac{0.053}{(3.2Re)^{0.2}}$$

环空内流动计算只需将以上各式中圆管内径 d_i 替换为环空当量内径 $d_w - d_o$ 即可。

3）钻井液动力黏滞阻力计算

钻柱所受黏滞阻力为：

$$w_v = \frac{\pi}{2}f_e f_o f_r \rho_o v_a^2 d_o \mathrm{sgn}(v_a) + \frac{\pi}{2}f_i \rho_i v_{ap}^2 d_i \mathrm{sgn}(v_{ap})$$

层流：$f_e = 1 - 0.072\dfrac{e_{avg}}{n}\left(\dfrac{d_o}{d_w}\right)^{0.8454} - 1.5e_{avg}^2\sqrt{n}\left(\dfrac{d_o}{d_w}\right)^{0.1852} + 0.96e_{avg}^3\sqrt{n}\left(\dfrac{d_o}{d_w}\right)^{0.2527}$

紊流：$f_e = 1 - 0.048\dfrac{e_{avg}}{n}\left(\dfrac{d_o}{d_w}\right)^{0.8454} - \dfrac{2}{3}e_{avg}^2\sqrt{n}\left(\dfrac{d_o}{d_w}\right)^{0.1852} + 0.285e_{avg}^3\sqrt{n}\left(\dfrac{d_o}{d_w}\right)^{0.2527}$

$$f_r = \sqrt{1 + 1.5e_{\text{max}}^2}$$

$$e_{\text{avg}} = \sqrt{\frac{2}{3}\left(\sqrt{\frac{3}{2}e_{\text{max}}+1}-1\right)}$$

$$e_{\text{max}} = \frac{d_w - d_c}{d_w - d_o}$$

式中，f_o 为环空钻井液的摩阻系数；f_e 为钻柱偏心影响系数；f_r 为钻柱旋转影响系数；f_i 为钻柱内钻井液的摩阻系数；ρ_o 为管柱外流体密度，kg/m^3；ρ_i 为管柱内流体密度，kg/m^3。

4）钻井液黏性扭矩计算

圆管中钻井液螺旋流符合：

$$\frac{d\omega}{dr} = 0$$

因此，钻柱内壁所受的剪切应力为 0。

忽略钻柱偏心和钻井液循环对钻井液旋转运动的影响，由 N-S 方程可得

$$\frac{d}{dr}\left(\eta_d r^3 \frac{d\omega}{dr}\right) = 0$$

式中，η_d 为钻井液的视黏度，$Pa \cdot s$；ω 为流体的旋转角速度，rad。

将幂律流体的视黏度看作常数，边界条件为：

$$\omega(r_w) = 0, \quad \omega(r_o) = \omega$$

则环空中钻井液的旋转角速度为：

$$\omega_a = \frac{\omega r_o^2}{r_w^2 - r_o^2}\left(\frac{r_w^2}{r^2}-1\right)$$

环空中钻井液剪切应力为：

$$\gamma = \frac{du}{dr} = \frac{d(r\omega)}{dr} = -\frac{\omega r_o^2}{r_w^2 - r_o^2}\left(\frac{r_w^2}{r^2}+1\right)$$

钻柱外壁所受的剪切应力为：

$$\tau_o = -K\left(\frac{du}{dr}\right)^n\bigg|_{r=r_o} = K\left(\omega\frac{r_w^2 + r_o^2}{r_w^2 - r_o^2}\right)^n$$

单位长度的钻柱在幂律流体中所受的黏性扭矩为：

$$m_v = 2\pi r_o^2 \tau_o = 2\pi K r_o^2\left(\omega\frac{r_w^2 + r_o^2}{r_w^2 - r_o^2}\right)^n$$

同理，可得单位长度的钻柱在宾汉流体中所受的黏性扭矩为：

$$m_v = 2\pi r_o^2 \tau_o = 2\pi r_o^2\left(\tau_0 + \eta\omega\frac{r_w^2 + r_o^2}{r_w^2 - r_o^2}\right)$$

5）管柱屈曲模型

管柱屈曲是管柱摩阻/扭矩计算中不可或缺的重要部分。滑动钻进时管柱临界屈曲载荷采用 Wu 与 Juvkam-Wold 和高德利的理论模型。

垂直井段：

$$\begin{cases} F_{\text{cr}} = 2.55\,(EIw_{\text{bp}}^2)^{\frac{1}{3}} \\ F_{\text{hel}} = 5.55\,(EIw_{\text{bp}}^2)^{\frac{1}{3}} \end{cases}$$

造斜井段：
$$\begin{cases} F_{cr} = \dfrac{4EI}{Rr_c}\left(1 + \sqrt{1 + \dfrac{R^2 r_c w_{bp}\cos\alpha}{4EI}}\right) \\[4mm] F_{hel} = \dfrac{12EI}{Rr_c}\left(1 + \sqrt{1 + \dfrac{R^2 r_c w_{bp}\cos\alpha}{8EI}}\right) \end{cases}$$

斜直井段：
$$\begin{cases} F_{cr} = 2\sqrt{\dfrac{EIw_{bp}\sin\alpha}{r_c}} \\[4mm] F_{hel} = 2.75\sqrt{\dfrac{EIw_{bp}\sin\alpha}{r_c}} \end{cases}$$

式中，F_{cr} 为滑动钻进时管柱正弦屈曲临界载荷，N；F_{hel} 为滑动钻进时管柱螺旋屈曲临界载荷，N；r_c 为管柱与井眼之间的环空半径，m；R 为弯曲井眼的曲率半径，m。

管柱正弦屈曲临界载荷为：
$$F_{cs} = 2\sqrt{\dfrac{EIw_c}{r_c}}$$

管柱有效外直径为：
$$d_e = \dfrac{d_{dp}(l - l_{tj})}{l} + \dfrac{d_{tj}l_{tj}}{l}$$

式中，l 为管柱的总长度，m；l_{tj} 为接头长度，m；d_{dp} 为管柱的外径，m；d_{tj} 为接头的外径，m；d_e 为管柱的有效外径，m。

管柱有效环隙为：
$$r_c = \dfrac{d_c - d_e}{2}$$

式中 d_c——井眼直径，m；

r_c——管柱的有效环隙，m。

将本书模型的计算值与实验值的对比，可知正弦与螺旋屈曲后管柱的附加侧向力均为：
$$N = \dfrac{r_c F_e^2}{8EI}$$

式中，N 为螺旋屈曲管柱的附加接触力，N；F_e 为屈曲管柱的有效轴向力，N。

6）大钩载荷校正

摩阻系数是摩阻/扭矩计算中最重要的参数，它一般是通过大钩载荷和转盘扭矩反演获得的，因此大钩载荷和转盘扭矩的测量精度也直接影响到摩阻/扭矩计算的优劣。国内外钻井实践中都遇到过这样一个问题：钻进时的大钩载荷比静止管柱的悬重还要大，显然这是错误的，大钩载荷的测量值偏离实际钩载是造成这种现象的一个主要原因，因此应该对大钩载荷的测量值进行校核。

在现场大钩载荷是通过死绳固定器测量死绳拉力获得的，在每根钢丝绳拉力相等的前提下大钩载荷计算如下：
$$H_L = F_{dl}m$$

式中，H_L 大钩载荷，N；F_{dl} 为死绳拉力，N；m 为游车绳数。

Luke 和 Juvkam-Wold 研究了滑轮摩擦力和游车运动对大钩载荷计算的影响，结果表明：大钩载荷的计算值受游车运动方向的影响，上提时钢丝绳的拉力从快绳到死绳逐渐减小，由于死绳拉力最小，计算的大钩载荷会偏小，相反，下放时死绳的拉力最大，从而使计算的大钩载荷偏大，静止时钢丝绳的拉力保持上一个操作的拉力值不变。Luke 和 Juvkam-Wold 推导并推荐使用下面的方法对大钩载荷进行校正：

$$上提时：H_L = F_{dl}\frac{\varepsilon(1-\varepsilon^{-m})}{\varepsilon-1}$$

$$下放时：H_L = F_{dl}\frac{1-\varepsilon^m}{1-\varepsilon}$$

式中，ε 为滑轮效率，取值范围 96%~99%。

7）钻井液浮力的影响

当管柱内外充满同一密度的流体时，浮力系数的计算公式为：

$$f_b = 1 - \frac{\rho_m}{\rho_s}$$

式中，f_b 为浮力系数；ρ_s 为管柱的密度，kg/m^3；ρ_m 为钻井液密度，kg/m^3。

由于管柱本体、加厚端和管柱接头的尺寸不同，在石油工业中管柱的线重为平均线重，因此，推荐浮力系数计算公式如下：

$$f_{b2} = 1 - \frac{\rho_o g A_o - \rho_i g A_i}{w_p}$$

式中，w_p 为管柱单位长度的重量，N/m。

8）机械阻力的影响

摩阻计算中使用的摩阻系数是一个复杂的参数，它不仅包含了摩擦力还包含了岩屑床、稳定器、扶正器、井眼局部弯曲等产生的机械阻力。当机械阻力的变化趋势与摩擦力相同时，使用一个较大的摩阻系数就可以较为准确地计算出大钩载荷与转盘扭矩，但是当它们的变化趋势不同时，摩阻/扭矩计算就会产生较大误差。

由于扶正器的尺寸较大，在裸眼段扶正器会吃入井壁，造成额外的机械阻力。本书将计算值与实测值之差看作扶正器的机械阻力，并且假设每个扶正器承受相同的机械阻力。不断改变裸眼段摩阻系数和扶正器机械阻力，直至大钩载荷的计算值与实测值吻合良好。利用反算出的裸眼段摩阻系数和扶正器的机械阻力对后续井段的大钩载荷进行预测分析。

3.2 试油完井过程管柱力学分析

3.2.1 试油完井过程油管力学分析

自 20 世纪 50 年代开始，井下管柱的屈曲行为一直是国内外石油科技工作者普遍关注的课题。由于井眼的限制，管柱屈曲后将与井壁发生接触，从而使这一问题的分析变得更为复杂。国内外许多学者分别利用不同的方法（能量法、解析方、数值法、实验法），考虑不同影响因素（内外压、自重、摩擦、端部约束等），针对不同井眼（垂直井眼、斜直井眼、水平井眼、弯曲井眼），从不同的侧面（稳定性、载荷传递、自锁、强度、变形等）对这一问题进行了深入、广泛的理论和应用研究，并取得了许多重要的研究成果。有关井下管柱的屈曲行为有代表性的研究成果如下。

1957 年，Lubinski 等对油管和抽油杆柱的螺旋弯曲进行了研究，提出了油管和抽油杆柱在内外压和轴压作用下发生空间螺旋弯曲的概念和内压引起管柱失稳的概念。在此基础上，1962 年 Lubinski 等又研究了带封隔器管柱的螺旋弯曲行为，讨论了鼓胀效应、活塞效应、温度效应以及螺旋弯曲效应等对管柱轴向位移的影响，并提出了虚构力的概念，他们利用能量法导出了管柱发生螺旋屈曲后螺距和所受轴向力的关系：

$$Pitch^2 = 8\pi^2 \frac{(EI)}{F}$$

式中　$Pitch$——螺距；

　　　F——管柱轴向压力。

螺旋屈曲后管柱轴向位移的计算公式为：

$$L = \begin{cases} \dfrac{F^2\delta^2}{8EIq} & F < Lq \end{cases}$$

$$L = \frac{F^2\delta^2}{8EIq}\left[\frac{Lq}{F}\left(2 - \frac{Lq}{F}\right)\right] \qquad F \geqslant Lq$$

这些公式奠定了垂直井封隔器管柱力学研究的基础，也是封隔器管柱设计的理论依据。

70 年代末到 80 年代初，Halnlnerlindl 在 Lubinski 螺旋弯曲理论的基础上，进一步讨论了带封隔器多级组合管柱的受力、应力和位移的计算问题，讨论了液体压力对管柱屈曲性能的影响和"中性点"的计算问题，研究了多封隔器管柱及其中间封隔器的受力计算问题。这些研究进一步扩大了 Lubinski 理论的适用条件和应用范围。

50 年代 Lubinski，Woods 等对管柱在斜直井眼中管柱的屈曲进行了实验研究。通过实验观测到了管柱的屈曲现象，并注意到井斜角对管柱屈曲载荷有很大的影响。通过对实验数据的拟合，得到了管柱在斜井眼中发生螺旋屈曲的临界载荷的计算公式。

$$F_{crh} = 2.85\,(EI)^{0.504}q^{0.496}\left(\frac{\sin\alpha}{\delta}\right)^{0.511}$$

式中　α——井斜角；

　　　δ——井眼和管柱之间的视半径。

1964 年，Paslay 等利用能量法对管柱在斜直圆孔中的稳定性进行了理论分析，得出了管柱在斜直井眼中发生正弦屈曲时的临界载荷的计算公式。

$$F_{cr} = \frac{(1-\upsilon)^2 EI}{(1+\upsilon)(1-2\upsilon)}\left(\frac{\pi}{L}\right)^2\left[n^2 + \frac{1}{n^2}\frac{q\sin\alpha}{EI\delta}\left(\frac{L}{\pi}\right)^4\right]$$

式中　L——管柱长度；

　　　υ——泊松比；

　　　n——管柱屈曲后所形成曲线的半波数。

1982 年，Dawson，Paslay 等在此基础上，通过求极值的方法将上式简化为：

$$F_{crs} = 2\sqrt{\frac{EIq\sin\alpha}{\delta}}$$

进入 90 年代，随着丛式井，定向井，水平井钻井、完井技术的发展，人们也开展了管柱在水平井眼及弯曲井眼中的稳定性和屈曲行为的分析研究。1990 年，YU-Che Chen，Yu-hsu Lin，Cheatham 等利用能量法导出管柱在水平井眼中发生正弦屈曲及螺旋弯曲临界载荷的计算公式：

$$正弦屈曲：F_{crs} = 2\sqrt{\frac{EIq}{\delta}}$$

$$螺旋屈曲：F_{crh} = 2\sqrt{2}\sqrt{\frac{EIq}{\delta}}$$

这些公式与 Dawson，Paslay 等的公式和 Lubinski 根据试验数据拟合的公式基本一致，在水平井眼中井斜角 $\alpha = 90°$。

80 年代，Mitchell 运用三维弹性梁理论，导出了管柱在斜直井眼中的三维屈曲方程及管柱与井壁正压力所满足的方程。

$$EI\left[\frac{d^4\theta}{dx^4} - 6\left(\frac{d\theta}{dx}\right)^2 \frac{d^2\theta}{dx^2}\right] - \frac{d}{dx}\left[F(x)\frac{d\theta}{dx}\right] + \frac{q}{r}\sin\varphi\sin\theta = 0$$

$$\frac{N}{r} = EI\left[4\frac{d^3\theta d\theta}{dx^3 dx} + 3\left(\frac{d^3\theta}{dx^3}\right)^2\right] + F(x)\left(\frac{d\theta}{dx}\right)^4 - \frac{q\sin\varphi}{r}\cos\theta$$

并给出了数值解，根据数值解，得出了管柱从直线状态到平面（正弦）弯曲状态，以及从平面正弦弯曲状态到螺旋弯曲状态过渡的临界点。另外，Mitchell 还分析了边界约束条件及摩擦等对管柱屈曲的影响。

由于管柱在弯曲井眼中的变形和载荷描述比直井要复杂得多，因此弯曲井眼中管柱的屈曲分析也很复杂。1993 年，He Xiaojun，Kyllingstad 通过类比分析认为：井壁对管柱的法向支反力是决定管柱临界载荷的主要因素。在水平井眼中，井壁作用于管柱的法向支反力为 $N = q$，而在弯曲井眼中法向支反力为：

$$N = \left[\left(q\sin\alpha + F\frac{d\alpha}{ds}\right)^2 + \left(F\sin\alpha\frac{d\phi}{ds}\right)^2\right]$$

可以求得管柱在弯曲井眼中屈曲临界载荷的计算公式为：

$$F = \beta\sqrt{\frac{EI}{\delta}}\left[\left(F\frac{d\alpha}{ds} + q\sin\alpha\right)^2 + \left(F\sin\alpha\frac{d\phi}{ds}\right)^2\right]^{\frac{1}{4}}$$

式中 α——井斜角；

ϕ——方位角，其中 $\beta = 4$ 为正弦屈曲，$\beta = 8$ 为螺旋屈曲。

我国在这一方面也进行了一定的研究，并取得了一定的成果。20 世纪 80 年代初，曾宪平、张宁生、江汉采油工艺所等结合 Lubinski、Hammerlindl 等的研究成果对封隔器管柱的受力、应力及变形进行了系统的分析。1988 年，龚伟安用弹性力学方法分析了液压作用下管柱的屈曲问题。论证了液压作用下管柱屈曲的"虚构力"是真实存在的力，并对液压作用下管柱的失稳条件、"虚构力"、中和点及零应力点作了阐述。1990 年，金国梁、陈琳等通过对抽油杆柱的屈曲分析，讨论了滚轮接箍扶正器的合理配置。1993 年，冯建华根据 Lubinski 等的理论，建立了双封隔器复合管柱受力分析的数学模型。1994 年，李子丰等研究了水平井中管柱受压扭的几何非线性弯曲，建立了管柱的微分方程和边界条件，并作为特例分析了无重管柱的螺旋弯曲。1995 年，对井管柱进行了力学和运动学分析，建立了几何方程、运动平衡方程和本均方程。同年，高宝奎、高得利研究了斜直井中钻柱的屈曲问题，并考虑了几种极限情况下的屈曲行为。1994年到1996年间，高国华等对水平井眼、垂直井眼和弯曲井眼中管柱的屈曲行为进行了系统的研究。通过微元体的受力分析，根据静力平衡方程、变形几何方程和物理方程导出了三维弯曲井眼中的屈曲方程。

$$\frac{\mathrm{d}^4\theta}{\mathrm{d}s^4}+\frac{\mathrm{d}}{\mathrm{d}s}\left\{\left[\frac{F}{EI}-2\left(\frac{\mathrm{d}\theta}{\mathrm{d}s}\right)^2\right]\frac{\mathrm{d}\theta}{\mathrm{d}s}\right\}+\frac{f_\mathrm{n}}{EIr}\sin\theta=0$$

该方程有三种不同形式的解，即零解、周期解（或拟周期解）和螺旋线解（或拟螺旋线解），对应于三种平衡状态，即稳定平衡状态、正弦屈曲状态和螺旋屈曲状态。1998年，刘凤梧川采用解析法对无重管柱在承受扭矩作用时的屈曲行为进行了分析，求出了其解析解，得到了受压扭组合作用的管柱屈曲构形为精确的螺旋线的结论。随后在1999年，又对水平井的情况进行了研究，并考虑自重的影响，用小参数摄动法对方程进行了求解，讨论了自重对管柱屈曲的影响。

现有的理论和试验研究表明，管柱在井眼中有4种不同的平衡状态和空间构形：稳定状态、正弦弯曲状态、螺旋弯曲状态和自锁状态。在这4种不同的平衡状态之间，存在3个临界点。

上述的研究成果对利用井下作业管柱进行工程作业起到了重要的指导作用。但是必须指出，现有的对井下作业管柱屈曲问题的研究，一般均把管柱看作均匀等直径杆，认为管柱在工作时在整个长度方向受到井壁的均匀支承，而实际上井下作业管柱是由一根一根管子连接而成，而每根管子都有两个接头，由于接头部分的直径较杆体部分直径要大，因此只有在管子的接头部分才会和井壁接触，受到井壁支承，而管子本体部分并没有受到井壁支承，这样就会造成管柱屈曲载荷的降低。这也是为什么人们对井下管柱屈曲问题进行了深入研究，井下管柱仍然会出现屈曲现象的原因之一。因此，下一步必须在考虑管柱接头这一影响因素前提下，对井下作业管柱进行更深入和精确的研究。比较正确的方法应该是将井下管柱看作为一个连续梁，而将管柱接头看作连续梁的中间支座，连续梁的每一跨的长度即为一根管子长度。对连续梁的每一跨分别列出相应的挠曲微分方程，在管柱的接头处应该满足位移、转角、弯矩的连续条件，根据边界条件和连续条件可以组成一个线性齐方程组，再根据线性齐方程组有非零解的条件，从而求出管柱的屈曲载荷。

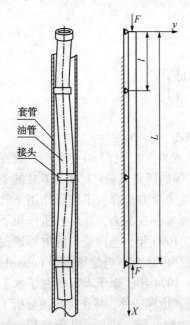

图3-8　试油完井过程管柱力学模型

井下管柱是由一根根管子连接而成的，每根管子都有两个接头，接头的直径较管体的直径大。这样当管柱在轴向载荷作用下趋于屈曲时，接头部分首先紧贴井壁，这样管柱接头就起到了一个重要的支撑作用。接头可理想化为支座，井下管柱的力学模型如图3-8所示。这就意味把整个管柱分成了若干段，每段长为一根管子。

设管柱由n根管子组成，那么整个管柱就有$n+1$个支座，各个支座的坐标分别为x_0，x_1，x_2，…，x_n。受压管柱所受轴向载荷比单根管子的本身重量大得多，因此在单根管子受力分析中可以忽略管子自身重量。根据图3-9所示管柱微元体受力图，可以列出第i根管子的弯曲微分方程为：

$$EI\frac{d^3y_i}{dx^3}+P\frac{dy_i}{dx}-Q_i=0$$

式中，EI 为管柱的抗弯刚度，Q 为剪力。令 $k^2=\sqrt{\frac{P}{EI}}$，$C_i=-\frac{Q_i}{P}$，则弯曲微分方程可化为：

$$\frac{d^3y_i}{dx^3}+k^2\frac{dy_i}{dx}+C_i=0$$

方程的通解为：

$$y_i(x)=-\frac{C_{1i}}{k}\cos(kx)+\frac{C_{2i}}{k}\sin(kx)-C_{3i}x+C_{4i}$$

$$y'_i(x)=C_{1i}\sin(kx)+C_{2i}\cos(kx)-C_{3i}$$

$$y''_i(x)=kC_{1i}\cos(kx)-kC_{2i}\sin(kx)$$

$$(i=1,\ 2,\ \cdots,\ n)$$

通解中共有 $4n$ 个待定常数（C_{1i}，C_{2i}，C_{3i}，C_{4i}）。

在管柱的两端（$x=0$，$x=L$）应满足边界条件 $y_1(0)=0$，$y''(0)=0$，$y(L)=0$，$y''(L)=0$。因此，存在如下约束方程：

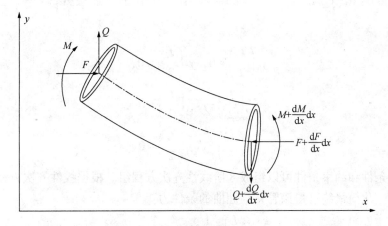

图 3-9　管柱微元体受力图

$$C_{11}=0,$$
$$C_{41}=0$$

$$-\frac{C_{1n}}{k}\cos(kL)+\frac{C_{2n}}{k}\sin(kL)-C_{3n}+C_{4n}=0$$

$$C_{1n}\cos(kL)-C_{2n}\sin(kL)=0$$

在管柱接头处 $x=x_i(i=1,\ 2,\ \cdots,\ n-1)$ 处应满足位移、转角、弯矩的连续条件：

$$y_i(x_i)=0,\ y_{i+1}(x_i)=0$$

即

$$y_i(x_i)=-\frac{C_{1i}}{k}\cos(kx_i)+\frac{C_{2i}}{k}\sin(kx_i)-C_{3i}x_i+C_{4i}=0$$

$$y_{i+1}(x_i) = -\frac{C_{1\,i+1}}{k}\cos(kx_i) + \frac{C_{2\,i+1}}{k}\sin(kx_i) - C_{3\,i+1}x_i + C_{4\,i+1} = 0$$

$$y'_i(x_i) - y'_{i+1}(x_i) = 0,$$

即：

$$C_{1i}\sin(kx_i) + C_{2i}\cos(kx_i) - C_{3i} - C_{1\,i+1}\sin(kx_i) - C_{2\,i+1}\cos(kx_i) + C_{3i+1} = 0$$

$$y''_i(x_i) - y''_{i+1}(x_i) = 0$$

即：

$$C_{1i}\cos(kx_i) - C_{2i}\sin(kx_i) - C_{1i+1}\cos(kx_i) + C_{2\,i+1}(kx_i) = 0$$

$$(i = 1, 2, \cdots, n-1)$$

由四个端部约束条件和 $4n-4$ 个连续条件组成 $4n$ 阶的线性齐次方程组。根据线性齐次方程组有非零解的条件，方程组系数数矩阵的行列式 C 等于零：$|C| = 0$，从而可以求得相应的各阶是屈曲载荷，其最小值即为临界屈曲载荷。

取一段管柱为例进行计算。设一管柱总长为 L，由两根长为 l 管柱组成，则 $l = \frac{L}{2}$。因此，整个管柱被分成两段，每段长为一个管柱。在管柱两端要满足给定的 4 个边界约束条件 $y_1(0) = 0$，$y''(0) = 0$，$y_2(L) = 0$，$y''_2(L) = 0$，在两个管子的连接处$\left(x = \frac{L}{2}\right)$还要满足连续条件：

$$y_1\left(\frac{L}{2}\right) = 0, \quad y_2\left(\frac{L}{2}\right) = 0,$$

$$y'_i\left(\frac{L}{2}\right) - y''_{i+1}\left(\frac{L}{2}\right) = 0$$

$$y''_i\left(\frac{K}{2}\right) - y''_{i+1}\left(\frac{L}{2}\right) = 0$$

上述边界条件和约束条件可以组成 8 阶线性齐次方程组。根据线性齐次方程组存在非零解的充要条件，化简最终可得该管钻柱屈曲的条件为：

$$\sin^2\left(\frac{kL}{2}\right) - \frac{1}{4}kL\sin(kL) = 0$$

由此式可得

$$\frac{kL}{2} = m\pi \qquad (m = 1, 2, 3\cdots)$$

则其临界屈曲载荷为：

$$P_{cr} = EI\left(\frac{\pi}{\frac{L}{2}}\right)^2 = EI\left(\frac{\pi}{l}\right)^2$$

式中，L 为钻柱总长，l 为单根管柱长度。此值即为该管柱的临界屈曲载荷。如果管柱是由 n 根管子构成，通过计算可得出其临界屈曲载荷为 $P_{cr} = EI\left(\frac{\pi}{\frac{L}{n}}\right)^2 = EI\left(\frac{\pi}{l}\right)^2$。由此可以看出，管柱承载能力与管柱本身长度并无多大关系，主要的影响的因素是组成管柱的单根管子的长度。组成管柱的单根管柱长度越短，其承载能力越强。

3.2.2 试油完井过程套管力学分析

1) 试油(改造)过程中自由段套管强度安全性分析

固井水泥没有返出井口，留下自由套管，根据管柱力学理论，在试油(改造)过程中，井口温度变化会使自由段套管产生轴向变形 ΔL_t；由于材料的泊松效应，油套环空流体密度和压力的变化会使自由段套管产生轴向变形 ΔL_e。根据管柱力学理论，有：

$$\Delta L_t = \frac{1}{2}\alpha(T-T_{s0})L_1$$

式中 α——套管材料温度线性热胀系数；

　　　T——试油工况下井口温度；

　　　T_{s0}——固井时井口的"初始"温度；

　　　L_1——自由段套管长度。

$$\Delta L_e = \frac{2\mu}{E}\int_0^{L_1}\frac{\delta[p_o(z)]D^2-\delta[p_i(z)]d^2}{d^2-D^2}\mathrm{d}z$$

式中 $\delta[p_o(z)]$——井深 z 处套管外压力的变化；

　　　$\delta[p_i(z)]$——井深 z 处套管内压力的变化。

因此，与水泥凝固、坐挂套管工况相比，试油(改造)过程中，自由段套管的轴向总变形为：

$$\Delta L = \Delta L_t + \Delta L_e$$

需要指出的是，根据结构力学理论，受井口和水泥面的限位，上述轴向"伸长"变形转换为轴向压力，"缩短"变形转化为拉力，作用在套管柱上。

若自由段套管柱所受的轴向压力大于其临界屈曲载荷，套管柱将发生弯曲，并产生弯矩 $M(z)$：

$$M(z) = \frac{F_e(z)\delta(z)}{2}$$

式中 $\delta(z)$——井深 z 处套管柱与井眼的间隙；

　　　$F_e(z)$——井深 z 处套管柱所受到的等效轴向力：

$$F_e(z) = F(z)+[\rho_i(z)A_i(z)+\rho_o(z)A_o(z)]$$

式中 $F(z)$——井深 z 处套管柱所受真实轴力；

　　　$\rho_i(z)$——井深 z 处套管内流体密度；

　　　$\rho_o(z)$——井深 z 处套管外流体密度；

　　　$A_i(z)$——井深 z 处套管内圆面积；

　　　$A_o(z)$——井深 z 处套管外圆面积。

若下部自由套管所受到的轴向力 F_{ezb} 大于套管柱的临界弯曲载荷，管柱弯曲，会产生弯曲，导致弯曲轴向变形 ΔL_b：

$$\Delta L_b = \frac{\delta^2 F_{ezb}^2}{8EIq_e}$$

式中 I——套管横加面惯性矩。

因此，自由段套管的轴向力和轴向变形的计算需综合考虑结构超静定、弯曲管柱与井壁的摩擦力，分段迭代进行。因轴向力又影响到螺旋弯曲变形的大小，因此，若下部管柱处于弯曲状态，其轴向力与轴向变形都需进行反复的迭代计算。

若等效轴力 $F_e(z)$ 小于临界弯曲载荷，自由段套管柱处于直立状态，轴力梯度为：

$$\frac{\mathrm{d}F_e(z)}{\mathrm{d}z} = -q_e$$

若等效轴力 $F_e(z)$ 大于自由段套管的临界弯曲载荷，自由段套管柱处于弯曲状态，此时，轴力梯度为：

$$\frac{\mathrm{d}F_e(z)}{\mathrm{d}z} = -q_e + cN(z)$$

式中　c——弯曲套管柱与井壁的摩擦系数；

N——弯曲套管柱与井壁的接触支撑反力。

如前所述，自由段套管的轴向力和轴向变形的计算需综合考虑结构超静定、弯曲管柱与井壁的摩擦力，分段迭代进行。因轴向力又影响到螺旋弯曲变形的大小，因此，若下部管柱处于弯曲状态，其轴向力与轴向变形都需进行反复的迭代计算。根据管柱力学研究，自由段套管临界屈曲载荷为：

$$F_{zcrs} = 3.30mq_e$$

$$F_{zcrh} = 5.82mq_e$$

$$F_{zcrk} = 2\sqrt{\frac{EIq_e}{\delta c}}$$

$$m = \sqrt[3]{\frac{EI}{q_e}}$$

式中　F_{zcrs}——正弦弯曲临界载荷；

F_{zcrh}——螺旋弯曲临界载荷；

F_{zcrk}——自锁临界载荷。

在自由段套管柱中，不失一般性，套管载荷包括内压 p_i、外压 p_o、轴向力 F_z、弯矩 M。在上述四个影响管柱应力的载荷作用下，套管柱在三向复杂应力状态下工作：内压、外压产生径向应力 σ_r 和环向应力 σ_θ，轴向力产生轴向应力 σ_z，弯矩产生弯曲正应力 σ_M。在此情况下，根据强度分析理论，应该用第四强度理论，即第四相当应力 σ_{xd4} 来校核套管柱的强度安全性。

根据拉密厚壁圆筒理论，在内压 p_i 和外压 p_o 作用下，套管柱横截面内上任意一点 (r, z) 处的径向应力 $\sigma_r(r, z)$ 和环向应力 $\sigma_\theta(r, z)$ 为：

$$\sigma_r(r, z) = \frac{p_o D^2 - p_i d^2}{d^2 - D^2} - \frac{(p_o - p_i) d^2 D^2}{4(d^2 - D^2) r^2}$$

$$\sigma_\theta(r, z) = \frac{p_o D^2 - p_i d^2}{d^2 - D^2} + \frac{(p_o - p_i) d^2 D^2}{4(d^2 - D^2) r^2}$$

由轴向力 F_z 产生的轴向应力为:

$$\sigma_F(z) = \frac{4F_z}{\pi(D^2 - d^2)}$$

在弯矩 M 作用下,距套管柱轴心 r 处的弯曲应力为:

$$\sigma_M(r, z) = \pm \frac{64Mr}{\pi(D^4 - d^4)}$$

将以上各个应力分量,根据第四强度理论进行"合成",得到自由段套管的相当应力为:

$$\sigma_{xd4}(r, z) = \sqrt{\frac{1}{2}\left[(\sigma_F + \sigma_M - \sigma_r)^2 + (\sigma_r - \sigma_\theta)^2 + (\sigma_F + \sigma_M - \sigma_\theta)^2\right]}$$

试油(改造)套管的强度安全系数没有至今没有"标准"。钻井是按上部抗拉,下部抗压设计套管,一般取强度安全系数 1.25 左右。不过,对深井,建议自由段套管强度安全系数 $n = \sigma_s / \sigma_{xd4} \geq 1.4$。此外,根据外压作用下套管的失效破坏机理分析,若套管所受外压大于内压,还要求套管所受外内压差 $\Delta p = |p_o - p_i| < $ 套管临界抗挤强度 p_{ocr}。

2) 试油(改造)过程中固井段套管强度安全性分析

在固井段,假设固井质量良好,固井水泥石将套管与地层紧密"结合"在一起,因此,固井段套管的主要载荷为地层对套管的挤压。

由厚壁筒理论,围岩、固井水泥石环及套管的应力和位移表达式分别为:

$$\begin{cases} u_{1r} = -\dfrac{p_o}{2(\lambda_1 + G_1)} + \dfrac{(p_2 - p_o)D_c^2}{4G_1 D_r} \\[3mm] \sigma_{1r} = -p_o - (p_2 - p_o)\dfrac{D_c^2}{D_r^2} \qquad (D_r > D_c) \\[3mm] \sigma_{1\theta} = -p_o + (p_2 - p_o)\dfrac{D_c^2}{D_r^2} \end{cases}$$

式中 d——套管内径;

   D——套管外径;

   D_c——井眼直径;

   p_o——地层压力;

   p_2——固井水泥石环和井壁的接触压力;

λ_1、G_1——围岩的弹性力学参数。

$$\begin{cases} u_{2r} = \dfrac{(p_2 D_c^2 - pD^2)D_r}{4(\lambda_2 + G_2)(D^2 - D_c^2)} + \dfrac{(p_2 - p)D^2 D_c^2}{4G_2(D^2 - D_c^2)D_r} \\[3mm] \sigma_{2r} = \dfrac{p_2 D_c^2 - pD^2}{D^2 - D_c^2} - \dfrac{(p_2 - p)D^2 D_c^2}{(D^2 - D_c^2)D_r^2} \qquad (D < D_r \leq D_c) \\[3mm] \sigma_{2\theta} = \dfrac{p_2 D_c^2 - pD^2}{D^2 - D_c^2} + \dfrac{(p_2 - p)D^2 D_c^2}{(D^2 - D_c^2)D_r^2} \end{cases}$$

式中 λ_2、G_2——固井水泥石的弹性力学参数。

$$\begin{cases} u_{3r} = \dfrac{(pD^2-p_id^2)D_r}{4(\lambda_3+G_3)(d^2-D^2)} + \dfrac{(p-p_i)d^2D^2}{4G_3(d^2-D^2)D_r} \\[3mm] \sigma_{3r} = \dfrac{pD^2-p_id^2}{d^2-D^2} - \dfrac{(p-p_i)d^2D^2}{(d^2-D^2)D_r^2} \qquad (d<D_r\leqslant D) \\[3mm] \sigma_{3\theta} = \dfrac{pD^2-p_id^2}{d^2-D^2} + \dfrac{(p-p_i)d^2D^2}{(d^2-D^2)D_r^2} \end{cases}$$

式中　λ_3、G_3——套管材料的弹性力学参数；

p_i——套管内液柱压力。

如前所述，因固井水泥石将套管与地层紧密"结合"在一起，在套管与水泥石及水泥石与围岩的两个交界面处径向位移连续，即有：

$$u_{1r}\mid_{D_r=D_c} = u_{2r}\mid_{D_r=D_c}$$
$$u_{2r}\mid_{D_r=D} = u_{3r}\mid_{D_r=D}$$

根据位移连续条件，刚可以求出水泥石环所受的 p_2 和套管所受的围压 p

$$p_2 = \dfrac{pm_2\left(\dfrac{1}{\lambda_2+G_2}+\dfrac{1}{G_2}\right)-\dfrac{p_0}{\lambda_1+G_1}-\dfrac{p_0}{G_1}}{\dfrac{m_1}{\lambda_2+G_2}+\dfrac{m_2}{G_2}-\dfrac{1}{G_1}}$$

$$p = \dfrac{p_1m_4\left(\dfrac{1}{\lambda_3+G_3}+\dfrac{1}{G_3}\right)\left(\dfrac{m_1}{\lambda_2+G_2}+\dfrac{m_2}{G_2}-\dfrac{1}{G_1}\right)-p_0m_1\left(\dfrac{1}{\lambda_1+G_1}+\dfrac{1}{G_1}\right)\left(\dfrac{1}{\lambda_2+G_2}+\dfrac{1}{G_2}\right)}{\left(\dfrac{m_3}{\lambda_3+G_3}+\dfrac{m_4}{G_3}+\dfrac{m_2}{\lambda_2+G_2}+\dfrac{m_1}{G_2}\right)\left(\dfrac{m_1}{\lambda_2+G_2}+\dfrac{m_2}{G_2}-\dfrac{1}{G_1}\right)-m_1m_2\left(\dfrac{1}{\lambda_2+G_2}+\dfrac{1}{G_2}\right)^2}$$

式中，$m_1=\dfrac{D_c^2}{(D^2-D_c^2)}$；$m_2=\dfrac{D^2}{(D^2-D_c^2)}$；$m_3=\dfrac{D^2}{(d^2-D^2)}$；

$m_4=\dfrac{d^2}{(d^2-D^2)}$；$\lambda_i=\dfrac{E_1\mu_i}{(1-2\mu_i)(1+\mu_i)}$，$(i=1、2、3)$。

根据前述分析，固井段套管轴向应力由以下三部分组成：

（1）由水泥凝固前的浮重 F_w 所产生的轴向应力：

$$\sigma_{zw}=\dfrac{F_w}{A}$$

（2）根据广义胡克定律和泊松效应，因固井段固井水泥石的约束，径向应力和环向应力也会产生轴向应力：

$$\sigma_{zp}=\mu(\sigma_r+\sigma_\theta)$$

式中　μ——泊松比；

σ_r——径向应力；

σ_θ——周向应力。

（3）因试油过程中温度变化产生的轴向应力为：

$$\sigma_{zT}=-E\alpha\cdot\Delta T$$

式中　ΔT——与固井工况相比的温度变化量。

因此，固井段套管的轴向应力为：

$$\sigma_z = \sigma_{zw} + \sigma_{zp} + \sigma_{zT}$$

如前所述，应用第四强度理论校核固井段套管的强度，即其相当应力 σ_{xd4}。

$$\sigma_{xd4} = \sqrt{\frac{1}{2}\left[(\sigma_z - \sigma_{3r})^2 + (\sigma_{3r} - \sigma_{3\theta})^2 + (\sigma_{3\theta} - \sigma_z)^2\right]}$$

对射孔段套管，利用前述理论与公式校核其强度安全性时，应考虑射孔应力集中。

3.3 射孔过程油套管柱力学分析

3.3.1 爆炸冲击下管柱动态响应数值模拟

射孔作业时射孔段管柱的爆炸冲击动力学响应是管柱系统振动、变形乃至损伤的主要原因，由于射孔弹的壳体效应、射孔枪的管道效应，以及多点爆炸产生的冲击波耦合效应，射孔段管柱的冲击波加载规律以及管柱动力学响应规律极为复杂。目前，还无法通过理论对其进行描述，只能借助试验和数值模拟的手段进行研究。然而受射孔作业条件的限制，真实环境下试验测试的实现是十分困难的。借助数值模拟将射孔作用过程重现，同时可针对实际射孔作业中的环境条件进行模拟计算，直观显示出试验无法看到的发生在结构内部的一些物理现象，加深对物理问题的认识，完成试验无法完成的工作。针对爆炸冲击下管柱动态响应数值模拟，所介绍的有限元计算分析软件为美国 LSTC（Livermore Software Technology Corporation）的非线性动力分析有限元程序 LS-DYNA。LS-DYNA 程序最初由美国劳伦斯利弗莫尔国家实验室（Lawrence Livermore National Laboratory）的 J. O. Hallquist 博士主持开发，主要目的是为核武器的弹头设计提供分析工具。该程序时间积分采用中心差分格式，是一个以显式为主，隐式为辅的通用非线性动力学有限元程序，可以求解各种二维、三维非线性结构的高速碰撞、爆炸和金属成型等大变形动力响应问题。

LS-DYNA 程序以 Lagrange 算法为主，兼有 ALE 和 Euler 算法；以显式求解为主，兼有隐式求解功能；以结构分析为主，兼有热分析、流体-结构耦合分析功能。

LS-DYNA 拥有 140 余种材料模型，涵盖金属、塑料、玻璃、泡沫、编织品、橡胶、蜂窝材料、复合材料、混凝土、土壤、炸药、推进剂、黏性流体等各种材料，并考虑材料失效、损伤、各向异性、黏性、蠕变、与温度相关、与应变率相关等性质，可以模拟真实世界的各种复杂几何非线性（大位移、大转动、大应变）、材料非线性、接触非线性问题。

自 1989 年以来，LS-DYNA 程序又有了很大的进步。在非线性动力学分析、多刚体动力学分析、失效分析、爆炸、（高速）侵彻、碰撞、结构载荷响应、冲击变形、多物体接触分析、破片驱动、水下冲击等方面具有很好的计算效果。目前，已成功应用于国内外航空、航天、兵器、船舶、汽车、造船等军民行业，如飞机、汽车、火车、船舶碰撞事故引起的结构动力响应和破坏，乘客的安全性分析（气囊与假人相互的动力作用、安全带的可靠性分析）、金属成型（物料的滚压、挤压、挤拉和超塑成型、薄板的冲压成型）、爆炸荷载对结构的作用和动力响应分析、高速弹丸对靶板的侵彻数字模拟、机械零部件碰撞的动力分析等。

1996 年，LSTC 公司与 ANSYS 公式合作推出了 ANSYS/LS-DYNA，进一步加强了 LS-DYNA 的前后处理能力和通用性，成为一个著名的通用显式非线性动力分析有限元程序。

2003 年，LS-DYNA 推出 970 版，功能进一步得到了增强，当前最新版本是 971 版本。大量的国内外相关文献和国内外学者的相关研究均采用了该程序解决类似问题。

LS-DYNA 提供了丰富的单元库，包括实体单元、薄/厚壳单元、梁单元、焊接单元、离散单元、束和索单元、安全带单元、节点质量单元、SPH 单元等，而且每种单元又有许多算法可供选择。这些单元采用 Lagrangian 列式增量解法，具有描述大位移、大应变和大转动的性能，单元采用单点积分并且采用沙漏黏性阻尼以克服零能模式。单元计算速度快，节省储存量，并且精度良好，可以满足各种实体结构和薄壁结构的网格划分要求。此外还有 Eulerian 六面体单元、Eulerian 边界单元以及 ALE（Arbitrary Lagrangian-Eulerian）六面体单元，可以用于流体网格划分和构成流体—结构的交界面。

SOLID164 实体单元是用于三维的显式结构实体单元，由 8 节点构成。图 3-10 描述了 SOLID164 几何特性、节点位置和坐标系。

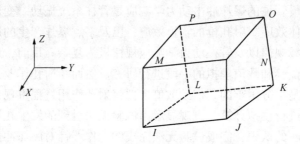

图 3-10　SOLID164 实体单元几何特性

SOLID164 实体单元可以利用 Lagrange 和 ALE 网格，可以在单元表面施加压力、位移等载荷，同时支持施加几种类型的温度载荷。该单元只能用在动力显式分析，支持所有许可的非线性特性，支持弹性各向同性材料、正交弹性材料、各向异性弹性材料、双线性运动材料、塑性运动材料、损伤混凝土材料、土壤材料、黏弹性材料、橡胶材料、应变率相关塑性材料、泡沫材料、弹黏塑性热力学材料、蜂巢结构材料、Steinberg、弹性流体材料等。

在 LS-DYNA 程序中，不同运动物体之间的接触作用不是接触单元模拟的，而是采用定义可能接触的接触面，指定接触类型以及与接触有关的一些参数，在程序计算过程中就能保证接触面之间不发生穿透，并在接触界面相对运动时考虑摩擦力的作用。现有 50 余种可供选择的接触分析方式以求解下列接触问题：变形体对变形体的接触、变形体对刚体的接触、刚体对刚体的接触、板壳结构的单面接触（屈曲分析）、与刚性墙接触、表面与表面的固连、节点与表面的固连、壳边与壳面的固连、流体与固体的界面等，并可以考虑接触表面的静动力摩擦（库伦摩擦、黏性摩擦和自定义摩擦模型）、热传导和固连失效等。

在 LS-DYNA 中有三种不同的算法处理碰撞、滑移接触界面，分别是动态约束法、罚函数法、分布参数法。第一种算法仅用于固连界面，第三种算法用于仅滑动界面，如炸药起爆燃烧的气体对结构的爆轰压力作用。第二种算法罚函数法是最常用的算法。

罚函数法的基本原理是：在每一个时间步内首先检查各从节点是否穿透主面，如果没有穿透则不作任何处理。如果穿透，则在该从节点与被穿透主面间引入一个较大的界面接触力，其大小与穿透深度、主面的刚度成正比。这在物理上相当于在两者之间放置一法向弹簧，以限制从节点对主面的穿透。接触力称为罚函数值。

"对称罚函数法"则是同时对每个主节点也作类似处理。对称罚函数法变成简单，且由于具有对称性、动量守恒准确，不需要碰撞和释放条件，因此很少引起 Hourglass 效应，噪声小。罚函数值大小受到稳定性限制。若计算中发生明显穿透，可以放大罚函数值或缩小时间步长来调节。

沙漏是一种以比结构全局响应高得多的频率振荡的零能变形模式。沙漏模式导致一种在数学上稳定，在物理上不可能存在的状态。它们通常没有刚度，变形呈现锯齿形网格。单点积分单元容易产生零能模式，即沙漏模态。

应尽可能使用均匀的网格划分，避免使用单点载荷，调整全局体积黏性，增加弹性刚度等方法来有效的控制沙漏。

在 LS-DYNA 程序中，由于描述几何非线性、材料非线性的需要，其主要算法采用 Lagrangian 描述增量分析方法。Lagrange 坐标系是坐标跟随物质运动，能够清晰显示解析域内多种物质的界面和自由界面。

取初始时刻的质点坐标为 $X_i(i=1, 2, 3)$。在任意时刻 t，该质点的坐标为 $x_i(i=1, 2, 3)$。描述这个质点的运动方程为：

$$x_i = x_t(X_j, \ t) \quad i = 1, \ 2, \ 3 \tag{3-61}$$

取 $t = 0$ 时刻物体的构形为参考构形，有初始条件：

$$x_t(X_j, \ 0) = X_t \tag{3-62}$$

$$\dot{x}_t(X_j, \ 0) = V_t(X_j, \ 0) \tag{3-63}$$

式中，X_t 为质点初始位置；V_t 为质点初始速度。

由连续介质力学理论，可得如下的守恒方程：

（1）质量守恒方程：

$$\rho V = \rho_0 \tag{3-64}$$

式中，ρ_0 为初始密度；V 为相对体积。

（2）动量守恒方程：

$$\sigma_{ij,j} + \rho f_i = \rho \ \ddot{x}_i \tag{3-65}$$

式中，σ_{ij} 为柯西应力；ρ 为当前密度；f_i 为单位质量体积力；$\ddot{x}_i$ 为质点加速度。对于动量方程要满足面力边界条件、位移边界条件和间断接触交界面条件。

（3）能量守恒方程：

$$E = VS_{ij}\dot{\varepsilon}_{ij} - (p+q)V \tag{3-66}$$

式中，V 为现时构形体积；$\dot{\varepsilon}_{ij}$ 为应变率张量；q 为体积黏性；S_{ij} 为偏应力，$E = VS_{ij}\dot{\varepsilon}_{ij} - (p+q)V$ 为压力，用于状态方程计算和总的能量平衡。

（4）虚功方程：

$$\int_V (\rho\ddot{x}_i - \sigma_{ij,j} - \rho f_i)\delta x_i \mathrm{d}V + \int_{S_1} (\sigma_{ij}n_j - t_i)\delta x_i \mathrm{d}S + \int_{S_3} (\sigma_{ij}^+ - \sigma_{ij}^-)n_j\delta x_i \mathrm{d}S = 0 \tag{3-67}$$

式中，S_1 为面力边界；S_3 为间断接触交界面。

应用散度定理：

$$\int_V (\sigma_{ij}\delta x_i)_{,j}\mathrm{d}V = \int_{S_1} \sigma_{ij}n_j\delta x_i \mathrm{d}S + \int_{S_3} (\sigma_{ij}^+ - \sigma_{ij}^-)n_j\delta x_i \mathrm{d}S$$

注意到分部积分：

$$(\sigma_{ij}\delta x_i)_{,j} - \sigma_{ij,j}\delta x_i = \sigma_{ij}\delta x_{i,j}$$

即有虚功原理的变分列式：

$$\delta\pi = \int_V \rho\ddot{x}_i\delta x_i \mathrm{d}V + \int_V \sigma_{ij}\delta x_i \mathrm{d}V - \int_V \rho f_i\delta x_i \mathrm{d}V - \int_{S_1} t_i\delta x_i \mathrm{d}S = 0 \tag{3-68}$$

3.3.2　射孔后套管动力学响应数值模拟

国外油田的开采已进入高成熟期，套管损坏非常严重。如：前苏联的萨布奇一拉马宁油田从 1937 年到 1982 年间，由于地应力场变化而造成的套管损伤井达 3200 余口，美国威明顿油田由于地震引起断层活动 1947~1950 年 3 年间套管损伤数达到 3000 口。前苏联的西西伯利亚油田、北高加索油气田，美国得克萨斯州油田、墨西哥湾油田、苏伊士湾油田等，都存在严重的套管损坏问题。在美国套管损坏井发生在加州的贝尔利吉油田、威利斯顿油田、密西西比河口南水道区 27 号油田、蒙大拿州附近的塞达克利克油田、小奈夫油田等。贝尔利吉油田在 20 年内发现 1000 多口套损井，是由于 70 年代过量开采造成地层压实，每年有 100 多口井发现套管损坏，套管损坏形式为轴向挤压和剪切。威利斯顿油田有 300 多口井发生了套管损坏，在油田边缘有几百口井发现套管剪切损坏，套管损坏发生在 488m 深上覆地层。塞达克利克油田套损井占油井的 10%。小奈夫油田套管损坏井占 36%，套管损坏为岩盐层挤毁。在北海白垩纪盆地的油田套管损坏的原因主要是由于高孔隙度油藏再压实造成的。埃克菲斯克油田在 1978 年首次发现套管损坏，到 1989 年已有 2/3 的井发生套管损坏，70% 套损发生在距油层 150m 上覆地层。

国内油田长期开采地层应力发生变化，每年套管损坏井数量和速度有明显上升的趋势。套管损坏严重地区有大庆油田、吉林油田、中原油田、和胜利油田。大庆油田出现第一套管损坏高峰是在 1986 年，年套管损坏井数超过 500 口；1999 年出现了第二次套管损坏高峰，年套管损坏井数达至 700 口，到目前已超过 8500 口，套管损坏比例 17%。吉林油田从 1973 年注水开发以来，累计油气井已有 1400 多口油水井出现了套管变形和损坏。胜利油田套损井 3000 口，套损 20%。中原油田套损井 1600 多口，套损比例 36%。大港油田套损井 1000 口，套损比例 30%。江汉油田套损井 348 口，套损比例 24%。套管损坏给油田造成巨大的经济损失。各油田套损井数还有上升的趋势。然而在油气开发过程中，造成油气井套管损坏的原很多，射孔作业是其中之一，它甚至会使套管严重变形或破裂，这一问题已越来越引起人们的关注。射孔对套管和水泥环都有影响，这种影响的特点和程度取决于多种因素，如射孔枪的类型、结构和功率；射孔在套管中的位置、射孔密度和孔眼分布状况；井筒中流体介质的性质和流体静压；井筒筛管部分的结构；套管和水泥环的尺寸、强度和状态；射开地层的物理机械特性等。

不同的套管材料用不同方法射孔后，引起套管破裂的程度是不同的。一般射孔后孔边周围往往产生射孔裂纹。注采过程中在井下动载的作用下，将会使裂纹扩展。最终发生套管低载荷脆裂。然而，在目前套管管柱设计中，只按非射孔套管的承载能力来设计射孔井段的套管，致使射孔套管的实际承载能力低于设计能力，这也是射孔对套管损坏的原因之一。

射孔弹爆炸后，爆轰压力波在管柱不同界面上来回反射、透射是一个极为复杂的力学加载、卸载过程，这涉及爆炸物理和应力波相关理论。从横截面来看，可认为射孔段管柱是金属+液体+金属的"三明治"夹芯结构，如图 3-11 所示。这种结构在军事上的应用已相当广泛，对其在冲击波作用下的响应机理和理论分析体系已经相当完备和成熟。下面将从实际出发，结合爆炸物理和应力波相关理论对该结构在爆轰压力波作用下的力学响应进行理论分析。

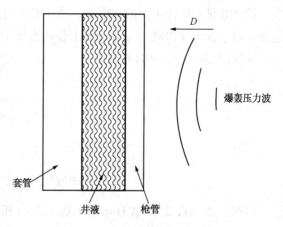

图 3-11　射孔段管柱横截面示意

管柱内壁受到爆炸载荷作用涉及柱面波的传播问题，柱面波在传播过程中波阵面会发生扩散，以致即使在弹性波的情况下，波剖面也不断变化；而且一个压缩波在传播时，其波阵面后方会形成拉应力和产生振荡等。除此之外，真实爆炸环境下，常常还伴随着点撞击（高度局部化的冲击载荷），这都使得问题的分析变得极为复杂。因此，下面将问题简化为高压下固体中一维平面冲击波的相互作用以及反射和透射。

根据应力波基本理论，关于高压下固体中平面冲击波的相互作用以及反射和透射等问题，其总的处理原则和一维杆相同，要求在波的相互作用界面或不同介质面上满足压力 p 和质点速度 u 均连续的要求。但是：①当反射波是进一步压缩的冲击波时，反射冲击波的终点应落在以反射冲击波前方状态为初态点，即新的心点的 Hugoniot 线上，而不是落在以入射冲击波的初态点为中心点的 Hugoniot 线上；②当反射波是膨胀卸载的稀疏波时，则其状态由卸载等熵线所确定，即通过稀疏波的传播介质所经历的各相继状态都落在以入射冲击波终态点为起点的等熵膨胀线上。

但是，只要状态方程已知，经任意一点的 Hugoniot 线和等熵线都是确定的。在采用 Grundeisen 状态方程的条件下，实际上只要已知材料的 Grundneisen 系数 $\gamma(V)$，就不难由一条已知的 Hugoniot 线来确定以该 Hugoniot 线上任一点为新的心点的 Hugoniot 线或等熵线。方法如下：

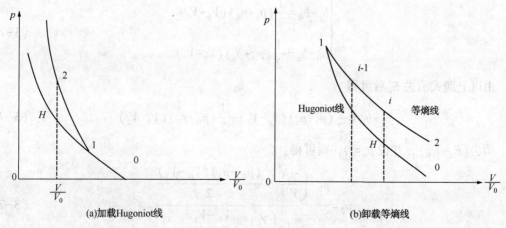

(a)加载Hugoniot线　　　(b)卸载等熵线

图 3-12　由已知 Hugoniot 线确定加载 Hugoniot 线和卸载等熵线

设点 0 是入射冲击波的初态点，点 1 是入射冲击波的终态点，同时也及反射冲击波的初态点。对于反射冲击波 Hugoniot 线上任一点 2[图 3-12(a)]应满足式(3-69)。

一维应变($\varepsilon_Y = \varepsilon_Z = 0$)条件下：

$$\begin{cases} \Delta = \varepsilon_X \\ e_{XX} = \varepsilon_X - \dfrac{1}{3}\varepsilon_X = \dfrac{2}{3}\varepsilon_X \end{cases} \tag{3-69}$$

即有：

$$b_2 = b_1 + \frac{1}{2}(p_2 + p_1)(V_2 + V_1) \tag{3-70}$$

同时，由于点 2 及原 Hugoniot 线上具有相同比体积 V_2 的点 H 都满应满足 Gruneisen 方程：

$$p = p_k(V) + \frac{\gamma}{V}\{E - E_K(V)\} \tag{3-71}$$

因而有

$$b_2 = b_H + \frac{(p_2 - p_H)}{\left(\dfrac{\gamma}{V}\right)_2} \tag{3-72}$$

式中，下标 2 和 H 表示相应的点 2 和 H 上的值。

由以上两式消去 E_2 后可得

$$b_1 - b_H = \frac{(p_2 - p_H)}{\left(\dfrac{\gamma}{V}\right)_2} - \frac{1}{2}(p_2 + p_1)(V_1 - V_2) \tag{3-73}$$

一方面，点 1 和 H 都是以 0 为心点的原 Hugonniot 线上的点，按下式：

$$[b] = \frac{[pu]}{\rho_0 D} - \frac{1}{2}[u^2] = -\frac{1}{2}(p^- + p^+)[V] \tag{3-74}$$

应分别满足：

$$\begin{cases} b_1 - b_0 = \dfrac{1}{2}(p_1 + p_0)(V_0 - V_1) \\ b_H - b_0 = \dfrac{1}{2}(p_H + p_0)(V_0 - V_2) \end{cases} \tag{3-75}$$

由以上两式消去 E_0 后可得

$$b_1 - b_H = \frac{1}{2}(p_1 + p_0)(V_0 - V_1) - \frac{1}{2}(p_H + p_0)(V_0 - V_2) \tag{3-76}$$

消去 $(E_1 - E_H)$，并设 $p_0 = 0$，则可得：

$$p_2 = \frac{p_H - \left(\dfrac{\gamma}{V}\right)_2 \cdot \dfrac{(p_H - p_1)(V_0 - V_2)}{2}}{1 - \left(\dfrac{\gamma}{V}\right)_2 \cdot \dfrac{V_1 - V_2}{2}} \tag{3-77}$$

这就是处理反射冲击波时所需的以 1 点为心点的 p—V Hugoniot 线。

经点 1 的等熵线则可以这样来确定［图 3-12(b)］：由于等熵线 dS=0，因而有热力学定律式：

$$dE = TdS - pdV \tag{3-78}$$

知因有：

$$db = -pdV \tag{3-79}$$

或者写成差分形式，有

$$b_i = b_{i-1} - \frac{1}{2}(p_i + p_{i-1})\Delta V \tag{3-80}$$

另一方面，由于点 i 以及原 Hugoniot 线上具有相同比体积 V_i 的 H 点都应满足 Gruneisen 方程(式 3-3)，因而有

$$b_i = b_H + \frac{(p_i - p_H)}{\left(\dfrac{\gamma}{V}\right)_i} \tag{3-81}$$

由以上两式消去 b_i 后可得

$$p_i = \frac{p_H - \left(\dfrac{\gamma}{V}\right)_i \left[p_{i-1} \cdot \dfrac{\Delta V}{2} + b_H - b_{i-1}\right]}{1 + \left(\dfrac{\gamma}{V}\right)_i \cdot \dfrac{\Delta V}{2}} \tag{3-82}$$

这样就可以用数值解法 $(i-1)$ 点求出 I，并逐点地确定整个等熵膨胀曲线 1-2。

在确定了反射冲击波的 Hugoniot 线和反射卸载波的等熵膨胀线后，就不难处理冲击波的相互作用以及反射透射问题。冲击波在刚壁面的加载和反射和在自由表面的卸载和反射分别可看作透射介质的冲击波阻抗分别为∞ 和 0 时的特例。但由于 Hugoniot 线和等熵线不相同，且不同初态点的 Hugoniot 线也各不相同，因此冲击波在刚壁面反射时，反射后的压力幅不再是入射波幅的 2 倍；在自由表面反射时，反射后的质点速度也不再是入射波的两倍。特别是对于金属材料，在压力不太高时(如在 10GPa 量级的压力下)，Hugoniot 线和等熵线的差别常常可以忽略不计。这相当于冲击突跃所引起的熵增可以忽略不计的所谓弱冲击波的情况。这时反射冲击波的 Hugoniot 线和反射稀疏波的等熵线都可以近似地取作入射冲击波 Hugoniot 线对于经入射波终态点(点 1)所作垂线 ab 的镜像(图 3-13)。于是整个问题的处理就较简单，而冲击波在刚壁面或自由表面反射时的结果就和弹性波中所得的结果一致。

对于弹性波，声抗 $\rho_0 C_0$ 是恒值；而对于冲击波，冲击波阻抗 $\rho_0 D$ 则是随压力而变化的。因此，两种材料的冲击波阻抗的相对高低也是随压力变化而变化的，甚至可能出现这样的情况：在某个临界压力 p_k 以下，A 材料的冲击波阻抗高于 B 材料的，而当 $p > p_k$ 时则反过来，A 材料的冲击波阻抗低于 B 材料的(图 3-14)，p_k 是两种材料同向 Hugoniot 线的交点。

如图 3-15 所示，A 为枪管内壁，B 为枪管套管之间的井液，C 为套管内壁，E 为炸药所在区域。这里用平面冲击波近似代替球面波来分析炸药爆炸膨胀及枪管、套管的响应过程。

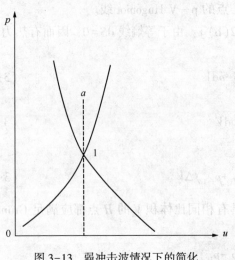

图 3-13　弱冲击波情况下的简化　　　　图 3-14　冲击波阻抗随压力而变化

设已知 $(\rho_0 D)_E > (\rho_0 D)_A > (\rho_0 D)_B < (\rho_0 D)_C$。爆炸过程中，首先，如图 3-16 所示，当以状态点 1 表示的爆轰波传播到壳体 A 时，将发生卸载反射，其状态对应于点 2。接着，A 中的透射冲击波在到达 A 和 B 的界面时，又将发生卸载反射，其状态对应于点 3。但当反射波回到 E 和 A 的界面时，则将发生加载反射，其状态对应于点 4。以此类推，在内壁 A 中将来回反射左行稀疏波和右行冲击波，分别对应于负向等熵线 2-3，4-5 等和正向 Hugoniot 线 3-4，5-6 等，而在液体 B 中则透射一系列右行冲击波，对应于正向 Hugoniot 线 0-3，3-5，5-7 等。

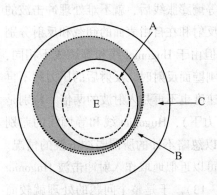 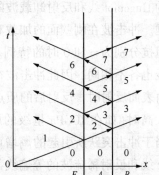 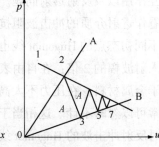

图 3-15　射孔段管柱横截面示意图　　　　图 3-16　爆轰波在内壁 A 与井液 B 间的传播

其次，如图 3-17 所示，当 B 中的透射冲击波传到套管内壁 C 时，由于 $(\rho_0 D)_B < (\rho_0 D)_C$，将发生加载反射，对应于负向 Hugoniot 线 1-2。接着，套管壳体中的透射冲击波在到达自由表面时，将发生卸载反射，对应于负向等熵线 2-3，意味着套管内壁 C 向外膨胀的速度增大。但当反射波回到 B 和 C 的界面时，将反射右行冲击波，对应于正向 Hugoniot 线 3-4。于是，在套管壳体中也将来回反射左行稀疏波和右行冲击波，分别对应于负向等熵线 4-5，6-7 等和正向 Hugoniot 线 5-6，7-8 等；并且每在自由表面反射一次，C 向外膨胀速度就增加一次，对应于状态点 3、5、7……

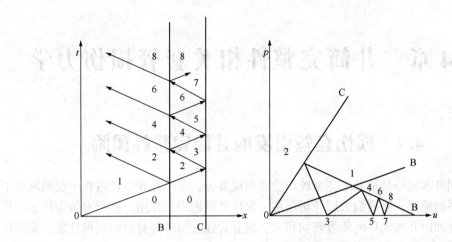

图 3-17　爆轰波在井液 B 与套管内壁 C 间的传播

　　套管壁在爆炸波的作用下向外膨胀；但套管外表面有地层的高压岩石约束，此时，套管内因爆炸波向外膨胀瞬间压力降低，受到外表面有地层的高压向内的压合作用，易发生变形，变形后的套管易卡主枪管。因此，套管的损伤与其应变有关，对其损伤研究应从应变入手。

第4章 井筒完整性相关套管损伤力学

4.1 损伤套管引发的井筒完整性风险

套管和固井水泥环是钻井工艺系统的重要组成部分，在钻井和生产过程中起到隔绝不同流体压力体系的地层、隔离漏失层及坍塌层、保持井眼稳固的作用。能否有效发挥这些作用与套管的强度和固井水泥环的质量密切相关，而套管强度与所用材料的机械性能、实际尺寸和壁厚、所受到的载荷大小和特点等因素有关。

实际井眼的不同心使钻杆相对套管中心做偏心旋转和往复运动，在某些位置发生钻杆与套管接触（图 4-1），造成钻杆外壁及套管内壁出现严重的径向和轴向摩擦磨损。这种磨损一般发生于钻杆的接头部位，造成套管局部不均匀磨损（图 4-2）。在深井、超深井中工作的技术套管，长期承受钻杆的旋转和往复摩擦，套管内壁磨损可能会很严重。磨损钻杆可以更换，而磨损套管却难以更换，仍必须在井下继续使用。当套管受到严重偏磨时，套管抗内压和抗外压能力显著下降，导致钻井事故屡有发生。特别是在钻井期间，井眼内始终装满泥浆，井筒内液柱压力一般大于对应岩层的流体压力，这时磨损套管的失效主要是内压引起，其破坏形式表现为过度膨胀变形或爆裂。完井后以及油井生产期间，由于油层套管最后下入，油层套管几乎未受磨损，油层套管内液柱压强一般较小，这时套管的失效主要由地层流体压强和地应力引起，破坏形式表现为过度挤压变形或挤毁。

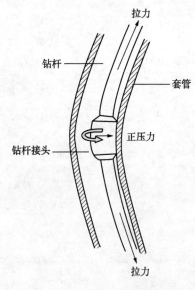

图 4-1 钻杆接头受力示意图

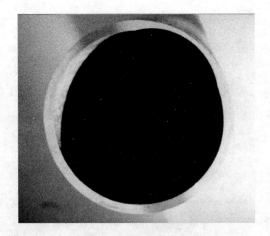

图 4-2 套管磨损截面图

套管局部磨损是钻井过程中必然存在的现象。目前，深井、超深井、定向井和水平井钻井作业越来越多，井下套管的工作条件极为苛刻，套管磨损问题尤为突出。在高压油、气层钻井时，井筒高压容易使磨损套管发生破裂，井控措施不能完整性实施，可能危及人身安全，造成环境破坏和重大经济损失。因此，研究套管磨损对套管抗内压强度的影响，评估高压井筒完整性风险，为合理维修套管和制定井控措施提供科学依据，已成为当前以及今后油气田钻井工程面临的一项紧迫任务。

4.2 套管磨损机理

在接触状态下有滑动、滚动等相对运动时，任何构件都会产生摩擦。相对运动表面的物质不断损失或产生残余变形称为磨损。按磨损机理分类，磨损主要形式主要包括：黏着磨损、磨粒磨损、接触疲劳磨损、腐蚀磨损、冲蚀磨损。依据磨损机理，理论分析套管磨损程度及磨损深度。

国外石油工程界20世纪60年代开始研究钻杆和套管磨损问题，至今已取得了大量的研究成果。Williamson通过试验发现，当钻杆-套管接触压力较低时，以磨粒磨损为主；当钻杆-套管接触压力较高时，以黏着磨损为主。实验表明，若接触压力超过1.4MPa磨损机理将发生转变；而接触力在1.0~1.7MPa时，磨损机理尚不确定。Bruno Best分析了从泥浆中回收的磨损残屑，认为，套管磨损机理为黏着磨损、磨粒磨损、梨沟磨损和疲劳磨损的综合作用。因此，下面简要分析黏着、磨粒、表面接触疲劳等套管磨损机理。

1）黏着磨损机理分析

当摩擦副表面相对滑动时，由于黏着效应所形成的黏着结点发生剪切断裂，被剪切的材料或脱落形成磨屑，或由一个表面迁移到另一个表面，此类磨损统称为黏着磨损。设摩擦副之间的黏着结点面积为以 a 为半径的圆，在载荷 N 的作用下，接触表面处于塑性接触状态，假设黏结点沿球面破坏，迁移的磨屑为半球形，滑动位移为 $2a$，得到黏着磨损模型，如图4-3所示（图中1、2代表两种材料）。

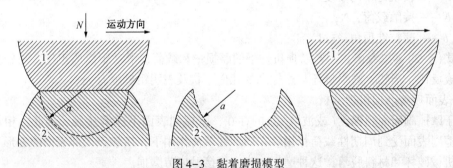

图4-3 黏着磨损模型

表面2上磨损掉的材料体积为 W_V：

$$W_V = K \frac{N}{3H_b} L_h \tag{4-1}$$

式中　K——黏着磨损系数；

　　　L_h——滑移距离，m；

　　　H_b——软材料的表面硬度，Pa；

　　　N——接触载荷，N。

由式(4-1)可以看出：①磨损量与摩擦副相对滑移行程成正比；②磨损量与法向载荷（接触力）成正比；③磨损量与软材料的表面硬度成反比。式(4-1)中的 K 又称黏着磨损系数，其大小取决于摩擦条件和摩擦副的材料。试验研究表明，第一点适用于各种载荷条件；第二点只适用于有限的载荷范围，当载荷超过一定值后，磨损率急剧增大；第三点已为许多实物实验所证实，不过，除了表面硬度之外，材料的其他物理、化学性能对磨损率也有影响。

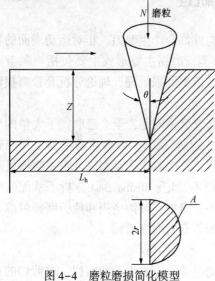

图 4-4　磨粒磨损简化模型

2）磨粒磨损机理分析

外界硬颗粒或者对磨表面上的硬突起物在摩擦过程中引起表面材料脱落的现象，称为磨粒磨损。磨粒磨损主要有三种形式：①若外界磨粒移动于摩擦副表面之间，产生研磨作用，称为三体磨粒磨损；②磨粒沿一个摩擦副表面相对运动产生的磨损称为二体磨粒磨损；③在一对摩擦副中，硬表面的粗糙突起磨砺软表面，也是二体磨损。

假设磨粒为形状相同的圆锥体，半角为 θ；在载荷 N 的作用下，磨粒被压入较软的材料当中，压入深度为 Z；在切向力作用下，滑动了距离 L_h，犁出了一条沟槽，得到磨粒磨损模型如图 4-4 所示。

图 4-4 中较软材料的磨损体积 W_V 为：

$$W_V = \frac{N}{H_b \pi Z g \theta} L_h \tag{4-2}$$

式中　H_b——较软材料的硬度，Pa；

　　　　N——接触载荷，N；

　　　　θ——磨粒锥顶角，rad。

由式(4-2)可以看出，磨粒磨损机理下的磨损量和载荷、滑动距离成正比，与较软材料的硬度成反比；当然，磨损量还与摩擦副的几何形状及表明粗糙度有关。

3）表面疲劳磨损机理分析

由于摩擦副表面粗糙度（或波纹度）的存在，摩擦副表面不连续接触，因此，相对运动时，摩擦副表面受到周期性载荷作用。在周期性载荷作用下，接触点局部表面因变形和应力而产生机械破坏和材料脱落，这种磨损称为表面接触疲劳磨损。

根据表面接触疲劳磨损机理，经历多次反复摩擦作用后材料表面的磨损属于材料疲劳破坏性质，引起磨损的摩擦次数由接触点的破坏形式决定，接触点的破坏形式又与应力状态有关。因此，根据摩擦副的载荷、运动状况、表面形貌和材料性质确定接触点的应力状态，进而建立疲劳磨损计算表达式：

$$W_V = K \frac{N}{H_b} L_h \tag{4-3}$$

式中　$\dfrac{1}{K}$——产生疲劳破坏的应力循环数；

L_h——滑移距离，m；

H_b——软材料的表面硬度，Pa；

N——接触载荷，N。

通过以上三种磨损机理的分析，可以看出，接触载荷、滑动距离及材料性能是影响磨损的主要因素。在实际钻井过程中，影响套管磨损的因素还有很多，下面就钻井过程中影响套管磨损的主要因素进行具体分析。

4.3 套管磨损的主要影响因素

通常，人们将影响套管磨损的因素分为内部因素和外部因素两大类。内部因素主要包括套管与钻杆材料的化学成分、金相组织及物理与力学性能等；外部因素主要指钻井井下条件与工况，包括：钻井液（介质）性能、钻杆与套管的接触力、狗腿度、转盘转速、温度等。

4.3.1 影响套管磨损的内部因素

1）套管材料性能

实验表明，不同钢级的套管磨损速度不同。根据 K55、N80、P110 三种钢级套管的磨损实验结果，在相似条件下，套管钢级越高，磨损越快。定性的分析认为，钢级越高磨损越快的主要原因之一是 110 钢级套管和钻杆接头材料性能相近，而相似材料之间的相互磨损一般比不同材料快；另一个可能的原因是较低钢级（屈服强度）套管本身具有较强的抗磨损性强。

进一步的研究表明，套管材料对其耐磨性影响极大。经合理、优化的热处理，可以降低普通碳钢的硬度，可以得到抗磨性好的套管材料。摩擦学实验研究表明，表面越粗糙，磨损率越高；某些具有特定纹理的表面形貌有利于在摩擦表面形成较稳定的润滑膜，从而降低磨损。

2）钻杆本体与钻杆接头

钻杆本体与钻杆接头与套管接触，构成摩擦副而磨损套管，因此钻杆本体与钻杆接头对套管磨损程度影响极大。由于钻杆，特别是钻杆接头磨损严重，且较易发现，因此，人们采取了在钻杆接头上喷焊耐磨带的方式来防止钻杆接头磨损。显而易见，钻杆耐磨带在提高钻杆耐磨性的同时，会加剧套管的磨损。为改变和改善粗糙耐磨带对套管表面的微切削磨损，人们研制了多种新型钻杆耐磨带产品，可以既保护钻杆接头，又降低套管磨损。

除钻杆本体与钻杆接头的材料性能外，钻杆接头的几何形状也会影响套管的磨损速度。通过改进钻杆接头设计，可以改善钻杆接头与套管接触区局部的应力分布状况，从而降低对套管的磨损。

钻杆材料对套管磨损速度影响的另一个方面在于：根据管柱力学理论，弯曲钻柱与套管的接触力与钻杆材料的弹性模量有关，相同条件下，钻杆材料弹性模量越大，弯曲钻杆与套管的接触力越小，套管磨损也就越轻。

4.3.2 影响套管磨损的外部因素

1）钻杆与套管之间的相对运动形式

钻杆与套管之间的相对运动形式与钻杆的运动状态有关，钻进过程中，受自转、公转

（涡动）、纵向振动、扭转振动、横向振动的影响，钻杆与套管之间的相对运动形式非常复杂。起钻和下钻过程中，钻杆与套管之间的相对运动形式较为简单，为钻杆沿井眼轴向滑动。

根据对修井回收的磨损套管横截面的分析，套管磨损主要由钻杆接头的旋转引起；起下钻时钻杆的往复运动对套管磨损不大；钻柱的纵向振动、扭转振动及横向振动不仅影响钻杆本身的疲劳寿命，也会加速套管的磨损。

2）钻杆与套管之间的接触力

室内实验表明，钻杆与套管之间的接触力越大，套管磨损越严重。这是因为钻杆与套管接触力越大，钻杆接头和套管内壁之间的润滑油膜越少。若钻杆与套管之间的接触力超过钻杆接头和套管内壁之间的润滑膜破裂压力，钻杆接头将直接和套管内壁接触，发生"干"摩擦，从而加速套管的磨损。

此外，若套管存在先天缺陷，或者地层压力等载荷作用使套管变形，钻杆与套管之间的接触力会进一步加大。在较大载荷的作用下，发生复杂弹性和塑性变形的套管与钻杆接头接触表面在相对滑动、相互摩擦的过程中，在挤压和剪切联合作用下，摩擦表面的微凸体发生黏焊，黏结的微凸体相互剪切；若剪切力超过套管材料的剪切强度，黏结微凸体将从基体上脱落，形成黏着磨损。

进一步地，在较大钻杆-套管接触力作用下，较硬凸点对较软表面的微观切削作用、表面微观裂纹扩展，也会使套管表面部分材料发生脱脱落，导致严重磨损。

因此，可以说，钻杆与套管之间的接触力是影响套管磨损最直接、最重要的原因之一。

3）狗腿严重度

受钻柱弯曲、地层各向异性及多种因素的影响，实际井眼存在井斜与方位，是一个三维弯曲的空间体。为了全面反映井斜与方位对井眼轨迹的影响，人们通常用狗腿严重度表示井眼的弯曲程度用。

显而易见，狗腿度越大，套管弯曲也越严重。在通过弯曲套管，特别是狗腿度较大的弯曲段井眼时，钻杆必然与套管接触，产生接触力。根据管柱力学理论，狗腿度越大，钻杆-套管接触力越大。根据前面的介绍，钻杆-套管接触力越大，套管磨损越严重，因此，狗腿度越大，套管磨损也越严重。

一方面，狗腿度对套管磨损的影响是接触力；另一方面，在狗腿度较大的井段，钻杆始终与套管的凸起部位局部接触，必然会加速该处套管的局部磨损。

4）井内介质

实际钻井过程中，井内介质由钻井液和少量混入其中的地下水、岩屑、铁屑及泥沙等杂质组成。根据钻井需要，钻井液的基本成分和添加剂成分十分复杂，既受到地层流体和岩屑、铁屑的影响，还受井下温度、压力的影响。以钻井液为主的井下介质对套管磨损的影响机理非常复杂，致使井内介质对套管磨损既有抑制作用，又有可能有加速作用。而抑制还是加速磨损的机制又很复杂，因而，人们在钻井液及其成分对套管磨损的影响方面还没有形成共识。

如图4-5所示为Russell的实验结果，实验表明，在成分不同、类型不同的钻井液中套管磨损速度变化很大，清水中套管磨损最大，是水基钻井液中的1.7倍，是油基钻井液中的5.8倍。由于重晶石粉具有润滑与减磨作用，在含重晶石粉的钻井液中，套管磨损最轻。

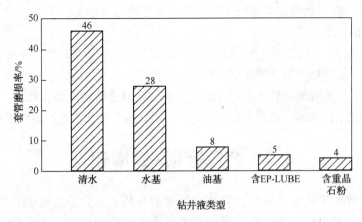

图 4-5 泥浆成分对套管磨损的影响

Best 和 Bol 的实验证明，加重泥浆中的膨润土、重晶石以及岩屑中不会产生研磨作用的固相颗粒等物质可将钻杆接头和套管内表面隔开，从而减轻套管磨损。

但对未加重钻井液中泥砂的作用，人们的认识并不一致。Bol 认为未加重钻井液中泥砂的存在将使黏着磨损加重，并存在某种正比关系，而 J P White 和 Dawson 通过含砂量0.5%～2%的泥浆对套管磨损的试验研究，认发现套管与钻杆接头之间间隙太小，其实，泥砂不能进入摩擦副，因而，泥浆含砂量对套管磨损影响不大。

关于不同泥浆类型对套管磨损的影响，J P White 等通过试验和现场测量发现，在减少摩擦的同时，油基泥浆有可能会增大磨损，不过，他们未就此作出理论上的解释。另一方面，Russell 等的实验研究却表明在油基泥浆中套管的磨损大幅降低。

通过上述分析，可以看出，人们对钻井液在套管磨损过程中所起的作用虽然已经进行了大量研究，但尚未统一认识。

5）钻杆-套管相对运动速度

钻杆-套管相对运动速度影响钻杆-套管摩擦副之间的摩擦温度、套管材料变形程度及磨粒的剪切速度。摩擦学研究表明，在一定载荷条件下，随着相对滑动速度的增加，对磨损起主导作用的温度和表面氧化膜随之变化，金属摩擦副表面的磨损机理也变得更为复杂。若滑动速度很低，主要发生氧化磨损，且磨损率很小；随着滑动速度增加，摩擦副表面的氧化膜破裂，摩擦副材料直接接触，往往发生黏着磨损，磨损速度和磨损量显著增加。若相对滑动速度超过某一临界值，摩擦温度上升，摩擦副表面将形成四氧化三铁氧化膜，磨损机理又转变为氧化磨损，磨损率反而下降；如果滑动速度继续增加超过另一个临界值，磨损机理再次转化为黏着磨损，导致磨损率急剧上升。

6）温度

摩擦学和套管磨损研究表明，温度是影响套管磨损的主要因素之一，并且，温度、钻杆-套管接触力、相对运动速度对磨损的影响存在某种耦合关系。因为载荷或相对滑动速度的变化会引起摩擦表面温度的升降，从而造成磨粒磨损、黏着磨损、氧化磨损、疲劳磨损机理之间的转化，因此，随着温度的上升，存在着多个温度临界点，影响磨损机理与磨损速度。

摩擦表面温度对金属组织结构、性能和氧化膜的形成有密切关系。在有利于氧化膜存在的温度范围内，氧化磨损起主导作用，而氧化磨损量是较小的；当温度的上升超过使氧化膜破裂的临界点后，黏着磨损起主导作用时，磨损量必然显著增加。

7）其他因素

摩擦副相对运动时间或摩擦行程是影响套管磨损的另一个重要因素。钻井过程中，当遇到可钻性差的地层、出现钻井复杂或井下事故，钻杆接头与套管之间的接触时间、相对摩擦时间及摩擦行程加长，从而加剧套管的磨损。此外，因钻头对套管的剐蹭及切削，起下钻过程中，套管内表面会形成小的沟槽，破坏套管内壁的表面氧化膜，从而加速腐蚀磨损和冲蚀磨损。

4.4 套管磨损-效率模型

通过前面套管磨损机理及影响套管磨损因素的分析，可以看出影响套管磨损的因素很多，套管磨损的机理也很复杂。在实际钻井工况下，套管磨损往往不是单一的机理所引起的，有时是两个或多个的机理同时作用，有时也可能由一种机理转变为另一种。例如，疲劳磨损的磨屑会导致磨粒磨损，而磨粒磨损所形成的新净表面磨损又将引起黏着磨损，因此，很难建立完全符合实际的套管磨损预测模型。

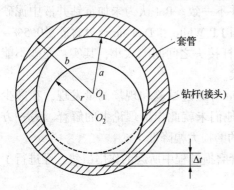

图 4-6　月牙形磨损套管示意图

磨损套管的磨损形状比较复杂，从修井、切割上来的磨损套管看，大部分可"规则化"为图 4-6 所示的月牙形，磨损月牙的曲率半径与钻杆接头或钻杆的半径相近。由此可以推断，钻杆与套管内壁接触并因相对转动而摩擦是技术套管磨损的主要原因。

比较分析三种主要的套管磨损机理及计算模型后，本文采用目前广泛采用的磨损-效率模型。磨损-效率模型认为：被磨掉的套管体积与钻杆传递给套管内壁的摩擦能量成正比，由钻杆与套管之间的接触力、接触钻杆与套管之间相对运动的摩擦系数和旋转工作时间，可以先得到摩擦功；由摩擦功和钻杆-套管磨损效率，可计算出被磨掉的套管材料体积，进而计算出磨损月牙形面积。其基本思路如下：

在钻井过程中，旋转钻杆与套管之间的摩擦力所作的摩擦功 W 为：

$$W = \sum N\mu L_h \tag{4-4}$$

式中　N——单位长度钻杆与套管的接触力；

　　　μ——摩擦系数；

　　　L_h——旋转钻杆相对套管的转动距离与滑动距离的总和。

设钻杆-套管之间摩擦功转化成磨损能量的转化率为 η，得到：

$$\eta = \frac{U}{W} = \frac{VH_b}{\sum N\mu L_h} \tag{4-5}$$

式中　V——被磨损掉的套管材料体积；

　　　H_b——套管材料硬度；

　　　U——由摩擦功转化的磨损能量。

套管内壁被磨损掉的体积为：

$$V = \frac{\eta}{H_b} \sum N\mu L_h \tag{4-6}$$

式中　$\dfrac{\eta}{H_b}$——钻杆与套管之间的"磨损效率"。

套管内壁被磨损掉的月牙形面积 S 为：

$$S = \frac{dV}{dl} = \frac{\eta\mu L_h d\sum N}{H_b \, dl} = \frac{\eta}{H_b} N\mu L_h \tag{4-7}$$

考虑钻进和起下钻作业，钻杆相对套管的滑动距离应包括环向和轴向滑移距离，即有：

$$L_h = 60\pi\omega D_{jt} T_{zj} + n_{qx} L_{zg} \tag{4-8}$$

式中　ω——钻进过程中转盘的转速，r/min；

　　　D_{jt}——钻杆接头的外径；

　　　T_{zj}——钻进过程中的"纯钻"时间，h；

　　　n_{qx}——起下钻次数；

　　　L_{zg}——磨损点以下钻柱的长度。

将式(4-8)代入式(4-7)得：

$$S = \frac{\eta}{H_b} N\mu \left(60\pi\omega D_{jt} T_{zj} + n_{qx} L_{zg}\right) \tag{4-9}$$

如图4-7所示，建立坐标系，可以看出，钻柱外圆与套管内圆相交的公共部分即为被磨损掉的"月牙"。设套管内圆和钻柱外圆交于 $A(x_1, y_1)$，$B(x_2, y_2)$ 两点。

钻柱外圆方程为：

$$x^2 + (y+k)^2 = r^2 \tag{4-10}$$

式中　k——套管柱轴线与钻柱轴线之间的偏移距离；

　　　r——钻柱外圆半径。

套管内圆方程为：

$$x^2 + y^2 = R_1^2 \tag{4-11}$$

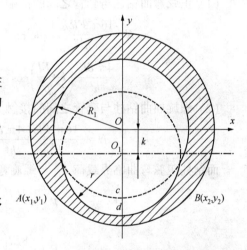

图4-7　套管内壁磨损后横截面形状

式中　R_1——套管内圆半径。

由式(4-10)、式(4-11)，可以得到钻柱外圆与套管内园的交点：

$$X_1 = \sqrt{R_1^2 - \frac{(r^2 - R_1^2 - k^2)^2}{4k^2}}\,, \quad X_2 = -\sqrt{R_1^2 - \frac{(r^2 - R_1^2 - k^2)^2}{4k^2}}$$

从而解得磨损月牙的面积 S 为：

$$S = \int_{X_1}^{X_2} \left(\sqrt{r^2 - x^2} - \sqrt{R_1^2 - x^2} + k\right) dx$$

$$= X_2\left(\sqrt{r^2 - X_2^2} - \sqrt{R_1^2 - X_2^2}\right) - R_1^2 \arcsin\frac{X_2}{R_1} + r^2 \arcsin\frac{X_2}{r} + 2kX_2 \tag{4-12}$$

将式(4-12)代入式(4-9)，经过迭代计算，求得 k，即可求得磨损深度 Δt：

$$\Delta t = k + r - R_1 \tag{4-13}$$

由以上分析过程，可以看出，若已知转盘转速、旋转时间、钻时等钻进参数，套管磨损量分析的关键参数是确定钻杆与套管之间的接触力以及钻杆与套管之间的"磨损效率"。

4.5　钻柱与套管接触力分析

如前所述，钻柱与套管之间的接触力是计算套管磨损深度的关键参数之一，本节为钻柱与套管的接触力分析。根据钻柱力学发展情况及套管磨损分析实践，可以发现，受拉力作用的钻柱及受压屈曲钻柱与套管之间的接触力的计算方法已比较成熟，而受压但未螺旋弯曲钻柱与套管的接触力，特别是下部带多个扶正器受压钻柱与套管的接触力的计算还需要做进一步分析。

4.5.1　受压屈曲钻柱与套管接触力分析

根据结构屈曲和管柱力学理论，当钻柱所受轴向压力超过其临界屈曲载荷后，钻柱将先后发生正弦弯曲和螺旋弯曲，经过分析，正弦弯曲、螺旋弯曲钻柱与套管之间的接触力为：

（1）正弦弯曲钻柱与套管之间的接触力：

$$N = \frac{16\pi^4 EI\delta K^2}{h^4}\left(-K^2\cos^4\frac{2\pi L_s}{h} + 3\sin^2\frac{2\pi L_s}{h} - 4\cos^2\frac{2\pi L_s}{h}\right) +$$
$$\frac{4\pi^2\delta K^2}{h^2}\left(F + \frac{EI}{\rho^2}\right)\cos^2\frac{2\pi L_s}{h} + \left(q_e\sin\alpha + \frac{F}{\rho}\right)\cos\theta \qquad (4-14)$$

（2）螺旋屈曲钻柱与套管之间的接触力：

$$N = -\frac{16\pi^2 EI\delta}{h^4} + \frac{4\pi^2\delta}{h^2}\left(F + \frac{EI}{\rho^2}\right) + \left(q_e\sin\alpha + \frac{F}{\rho}\right)\cos\theta \qquad (4-15)$$

而钻柱正弦弯曲临界载荷 F_{crs} 与螺旋弯曲临界载荷 F_{crh} 分别为：

$$F_{crs} = \frac{2EI}{\delta\rho}\left(1 + \sqrt{1 + \frac{\delta\rho^2 q_e\sin\alpha}{EI}}\right) \qquad (4-16)$$

$$F_{crh} = \frac{8EI}{\delta\rho}\left(1 + \sqrt{1 + \frac{\delta\rho^2 q_e\sin\alpha}{2EI}}\right) \qquad (4-17)$$

4.5.2　受拉钻柱与套管之间的接触力分析

根据管柱力学分析，在弯曲井眼中，考虑摩擦力时，受拉钻柱与套管的接触力为：

$$N = \frac{1}{\rho_1}\left\{q\rho_2\sin\alpha - Be^{-\mu\alpha} - \frac{q\rho_2}{\mu^2+1}\left[(\mu^2-1)\sin\alpha - 2\mu\cos\alpha\right]\right\} \qquad (4-18)$$

式中，$B = e^{\mu\alpha_0}\left[qL_{wx}K_b\cos\alpha_0 - \pi\left(\frac{D_z}{2}\right)^2 H_1\gamma_m\right] - \frac{e^{\mu\alpha_0}q\rho_2}{\mu^2+1}\left[(\mu^2-1)\sin\alpha_0 - 2\mu\cos\alpha_0\right]$；

$\rho_1 = \rho + \frac{D_c}{2}$；$\rho_2 = \rho + \frac{D_c}{2} - \frac{D_z}{2}$。

式中，E 为管材弹性模量；I 为钻杆横截面惯性矩；q 为钻柱线重量；q_e 为钻柱在泥浆中的线重量；γ_m 为泥浆比重；γ_s 为钢材比重；K_b 为浮力系数（$= 1 - \gamma_m/\gamma_s$）；μ 为套管材料与钻杆材料之间的摩擦系数（为 0.2）；α 为井斜角；α_0 为稳斜段最大井斜角；D 为套管外径；D_c 为套管内径；D_z 为钻柱外径；δ 为钻柱外壁与套管之间的间隙；F 为钻柱所受轴向压缩力；θ 为角位移；h 为钻杆正弦弯曲的波长或螺距；K 为钻柱正弦弯曲时的幅值；ρ 为弯曲井眼曲率半径；L_s 为弯曲井眼中心线长；L_{wx} 为稳斜段钻进进尺；H_1 为造斜段结束、稳斜段开始时的井眼垂直深度。

K、θ 和 h 由下列公式计算：

（1）在斜直井和弯曲井中钻柱在发生正弦弯曲时：

$$\theta = K\sin\left(\frac{2\pi L_z}{h}\right)（在弯曲井眼中用 s 代替 z） \tag{4-19}$$

$$h = 2\pi\sqrt{\frac{EI\delta\left(\frac{3}{2}K^2+1\right)}{q_e\sin\alpha\left(1-\frac{K^2}{8}\right)}} \tag{4-20}$$

其中 K 由式（4-21）计算：

$$F = 2\sqrt{\frac{EIq_e\sin\alpha\left(\frac{3}{2}K^2+1\right)\left(1-\frac{K^2}{8}\right)}{\delta}} \tag{4-21}$$

（2）在斜直井和弯曲井中钻柱发生螺旋屈曲时：

$$\theta = \frac{2\pi L_z}{h}（在弯曲井眼中用 s 代替 z） \tag{4-22}$$

$$h = \sqrt{\frac{8\pi^2 EI}{F}} \tag{4-23}$$

4.5.3　钻头附近轴向受压钻柱接触力分析

为了改善钻柱的受力状况，以利于"防斜打直"，在近钻头附近往往加扶正器，不失一般性。扶正器数量增加，约束条件和未知量增加，解题难度也相应增加。为此，将钻柱看作一连续梁，利用三弯矩方程、纵横弯曲法，建立钻柱力学模型；然后，假设钻头、n 个扶正器及上切点把钻柱分为 $n+1$ 跨受纵横弯曲载荷作用的简支梁，用样条加权残值法，分析挠曲钻柱的受力与变形。

1）纵横弯曲梁变形迭加原理

根据结构力学理论，当梁上仅有横向载荷作用时，其挠度、应力均与载荷呈线性关系；横向载荷作用的微小变化，对应力和挠度的影响可略去不计。因此，在计算梁的弯矩和剪力时，可不考虑因梁的挠度所造成的微小距离变化。不过，在横向载荷和轴向载荷联合作用下，梁的挠度、应力与轴向载荷之间呈非线性关系。此外，即使轴向载荷位置发生微小变化，也会造成梁的挠度和应力发生显著变化，变化幅度随轴向载荷的增大或位置变化幅度的微小增加而剧烈上升。

当轴向载荷增大到接近于某一临界值（临界载荷）时，即使作用点的偏心很小，梁的横向挠度也会大幅度增加。此时，线性迭加原理将不再成立。为此，引入新的、改进的迭加原理——在多个横向载荷作用下，轴向受压的梁柱的总变形等于各个横向载荷分别作用与轴向载荷共同作用所产生的变形的总和。

2）轴向载荷采用平均值

受钻柱自重，特别是其轴向分量的影响，每跨内钻柱上下两端的轴向力并不相等。如图4-8所示，为简化分析，以上、下两端轴力的平均值，即每跨钻柱中点的轴向载荷作为该段梁柱的轴向载荷。S. Timoshenko 已证明，对于受轴力和自重影响的竖直简支梁，用梁柱中点的轴向力代替两端的实际轴力，其弹性稳定性计算是具有足够的精确度。

$$P_1 = P_B - 1/2 \cdot w_1 L_1 \cos\alpha \tag{4-24}$$

$$P_2 = P_B - w_1 L_1 \cos\alpha - 1/2 \cdot w_2 L_2 \cos\alpha \tag{4-25}$$

$$P_3 = P_B - w_1 L_1 \cos\alpha - w_2 L_2 \cos\alpha - 1/2 \cdot w_3 L_3 \cos\alpha \tag{4-26}$$

式中，P_B 为钻压；α 为井斜角；w 为单位长度钻柱在钻井液中的重量；L 为各跨钻柱长度。

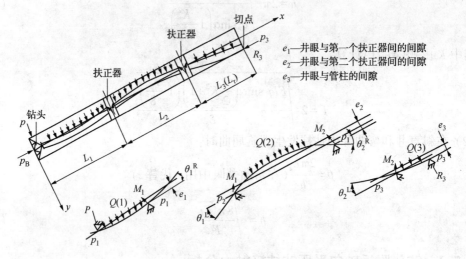

图 4-8 近钻头带多个扶正器轴向受压钻柱力学分析模型

3）支座位移产生的附加转角

由于钻柱与钻头振（摆）动，井眼扩大，扶正器直径往往小于井眼内径，力学分析模型中的几个支座不在同一直线上，造成因支座位移而产生的梁柱端部的附加转角。图4-8中1、2、3跨相应两端附加转角为：

$$\Delta\theta_{1f}^R = -e_1/L_1 \tag{4-27}$$

$$\Delta\theta_{2f}^L = \frac{e_2 - e_1}{L_2} \tag{4-28}$$

$$\Delta\theta_{2f}^R = \frac{e_1 - e_2}{L_2} \tag{4-29}$$

$$\Delta\theta_{3f}^L = \frac{e_3 - e_2}{L_3} \tag{4-30}$$

$$\Delta\theta_{3f}^R = \frac{e_2 - e_3}{L_3} \tag{4-31}$$

$$e_1 = 0.5 \cdot [D_C - D_S(1)] \tag{4-32}$$

$$e_2 = 0.5 \cdot [D_C - D_S(2)] \tag{4-33}$$

$$e_3 = 0.5 \cdot [D_C - D_S(3)] \tag{4-34}$$

式中，e_1、e_2 分别表示井眼直径与第一、第二扶正器直径差值之半；e_3 表示井眼直径与钻柱直径差值之半。

4）梁柱的稳定系数和放大因子

设纵横弯曲梁柱的稳定系数 $u = \dfrac{L}{2}\sqrt{P/EI}$，$u$ 的值与轴向载荷 P 有关。可以看出，梁柱的稳定状态由 u 值的大小决定。根据欧拉压杆稳定理论，对于一端固定、另一端自由的轴向受压梁柱，若 $u \geqslant \pi$，梁柱将失去稳定性。另外，在端部转角计算中，涉及函数 $X(u)$，$Y(u)$ 和 $Z(u)$，它们均为 u 的超越函数：

$$X(u) = \frac{3}{u^3}(\tan u - u) \tag{4-35}$$

$$Y(u) = \frac{3}{2u}\left(\frac{1}{2u} - \frac{1}{\tan 2u}\right) \tag{4-36}$$

$$Z(u) = \frac{3}{u}\left(\frac{1}{\sin 2u} - \frac{1}{2u}\right) \tag{4-37}$$

$X(u)$，$Y(u)$ 和 $Z(u)$ 称为放大因子，它们物理意义为：在横向载荷和轴向载荷联合作用下，梁柱的变形与单纯受相应横向载荷作用时的变形的比值。

5）井底（钻头）侧向力分析（图4-9）

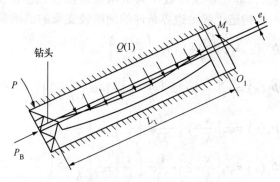

图4-9 井底（钻头）侧向力分析示意图

由 $\sum M_{O_1} = 0$ 得：

$$P = \frac{P_B \cdot e_1}{L_1} - \frac{M_1}{L_1} - \frac{w(1)L_1}{2} \cdot \sin\alpha \tag{4-38}$$

将 $Q(1) = w(1) \cdot \sin\alpha$ 代入上式得：

$$P = \frac{P_B \cdot e_1}{L_1} - \frac{M_1}{L_1} - \frac{Q(1)L_1}{2} \tag{4-39}$$

6）连续条件和三弯矩方程组

以加任意数目（n 个）扶正器钻柱作为例，钻头、扶正器及切点把钻柱分为 $n+1$ 跨受纵横弯曲载荷的梁柱，每个扶正器处的内弯矩 $M_i(i=1-n)$ 和切点位置（或最后一跨长度 L_{n+1} 表示）为未知量，共 $n+1$ 个未知量。相邻两跨梁柱在扶正器处的连续条件为：

$$\theta_i^R = -\theta_{i+1}^L \tag{4-40}$$

切点处边界条件为：

$$\theta_{\mathrm{T}} = \theta_{n+1}^R = 0 \tag{4-41}$$

由前所述变形迭加原理得：

$$\theta_i^R = \frac{Q_i L_i^3}{24EI_i} X(u_i) + \frac{M_i L_i}{3EI_i} Y(u_i) + \frac{M_{i-1} L_i}{6EI_i} Z(u_i) - \frac{e_i - e_{i-1}}{L_i} \tag{4-42}$$

$$\theta_{i+1}^L = \frac{Q_{i+1} L_{i+1}^3}{24EI_{i+1}} X(u_{i+1}) + \frac{M_i L_{i+1}}{3EI_{i+1}} Y(u_{i+1}) + \frac{M_{i+1} L_{i+1}}{6EI_{i+1}} Z(u_{i+1}) \tag{4-43}$$

$$\vartheta_{n+1}^R = \frac{Q_{n+1} L_{n+1}^3}{24EI_{n+1}} X(u_{n+1}) + \frac{M_n L_{n+1}}{6EI_{n+1}} Z(u_{n+1}) + \frac{e_{n+1} - e_n}{L_{n+1}} \tag{4-44}$$

将式（2-37）、式（2-38）、式（2-39）代入式（2-35）、式（2-36）得三弯矩方程组：

$$M_{i-1} Z(u_i) + 2M_i \left[Y(u_i) + \frac{L_{i+1} I_i}{L_i I_{i+1}} Y(u_{i+1}) \right] + M_{i+1} \frac{L_{i+1} I_i}{L_i I_{i+1}} Z(u_{i+1})$$

$$= -\frac{Q_i L_i^2}{4} X(u_i) - \frac{Q_{i+1} L_{i+1}^2}{4} \cdot \frac{L_{i+1} I_i}{L_i I_{i+1}} X(u_{i+1}) + \frac{6EI_i (e_i - e_{i-1})}{L_i^2} - \frac{6EI_i (e_{i+1} - e_i)}{L_i I_{i+1}} \qquad (i=1 \sim n) \tag{4-45}$$

$$L_{n+1}^4 + \frac{4M_n Z(u_{n+1})}{Q_{n+1} X(u_{n+1})} L_{n+1}^2 = \frac{24EI_{n+1}}{Q_{n+1} X(u_{n+1})} (e_{n+1} - e_n) \tag{4-46}$$

7）样条加权值法分析受压钻柱受力与变形

所谓样条加权残值法，即将样条函数作为试函数的加权残值法，构造满足边界条件的 $\varphi_i(x)$ 函数。同时，进一步构造了满足边界条件的两端铰支梁的试函数 $\varphi_i(x)$：

$$\begin{cases} \Phi_{-1}(x) = \varphi_5\left(\frac{x}{h}+1\right) + \varphi_5\left(\frac{x}{h}+2\right) \\[2mm] \Phi_0(x) = \varphi_5\left(\frac{x}{h}\right) - 2\varphi_5\left(\frac{x}{h}+1\right) - 14\varphi_5\left(\frac{x}{h}+2\right) \\[2mm] \Phi_1(x) = \varphi_5\left(\frac{x}{h}-1\right) - \frac{26}{33}\varphi_5\left(\frac{x}{h}\right) + \varphi_5\left(\frac{x}{h}+1\right) \\[2mm] \Phi_2(x) = \varphi_5\left(\frac{x}{h}-2\right) - \frac{1}{33}\varphi_5\left(\frac{x}{h}\right) + \varphi_5\left(\frac{x}{h}+2\right) \\[2mm] \Phi_3(x) = \varphi_5\left(\frac{x}{h}-3\right) \\[2mm] \cdots\cdots \\[2mm] \Phi_{N-3}(x) = \varphi_5\left(\frac{x}{h}-N+3\right) \\[2mm] \Phi_{N-2}(x) = \varphi_5\left(\frac{x}{h}-N+2\right) - \frac{1}{33}\varphi_5\left(\frac{x}{h}-N\right) + \varphi_5\left(\frac{x}{h}-N-2\right) \\[2mm] \Phi_{N-1}(x) = \varphi_5\left(\frac{x}{h}-N+1\right) - \frac{26}{33}\varphi_5\left(\frac{x}{h}-N\right) + \varphi_5\left(\frac{x}{h}-N-1\right) \\[2mm] \Phi_N(x) = \varphi_5\left(\frac{x}{h}-N\right) - 2\varphi_5\left(\frac{x}{h}-N-1\right) - 14\varphi_5\left(\frac{x}{h}-N-2\right) \\[2mm] \Phi_{N+1}(x) = \varphi_5\left(\frac{x}{h}-N-1\right) - \varphi_5\left(\frac{x}{h}-N-2\right) \end{cases} \tag{4-47}$$

铰支梁的边界条件为 $w = w'' = 0$，由此，有：

$$\begin{cases} \varPhi_{-1}(x) = 0 \\ \varPhi_0(x) = 0 \\ \varPhi_1(x) = \varphi_5\left(\dfrac{x}{h}-1\right) - \varphi_5\left(\dfrac{x}{h}\right) + 2\varphi_5\left(\dfrac{x}{h}+1\right) - 12\varphi_5\left(\dfrac{x}{h}+2\right) \\ \varPhi_2(x) = \varphi_5\left(\dfrac{x}{h}-2\right) - \dfrac{1}{4}\varphi_5\left(\dfrac{x}{h}-1\right) + \dfrac{1}{12}\varphi_5\left(\dfrac{x}{h}\right) \\ \varPhi_3(x) = \varphi_5\left(\dfrac{x}{h}-3\right) \\ \cdots\cdots \\ \varPhi_{N-3}(x) = \varphi_5\left(\dfrac{x}{h}-N+3\right) \\ \varPhi_{N-2}(x) = \varphi_5\left(\dfrac{x}{h}-N+2\right) - \dfrac{1}{4}\varphi_5\left(\dfrac{x}{h}-N+3\right) + \dfrac{1}{12}\varphi_5\left(\dfrac{x}{h}-N\right) \\ \varPhi_{N-1}(x) = \varphi_5\left(\dfrac{x}{h}-N+1\right) - \varphi_5\left(\dfrac{x}{h}-N\right) + 2\varphi_5\left(\dfrac{x}{h}-N-1\right) - 12\varphi_5\left(\dfrac{x}{h}-N-2\right) \\ \varPhi_N(x) = 0 \\ \varPhi_{N+1}(x) = 0 \end{cases} \tag{4-48}$$

根据材料力学理论，钻柱弯曲变形控制微分方程为：

$$EI\frac{\mathrm{d}^4 w}{\mathrm{d}x^2} - q(x) = 0 \tag{4-49}$$

对于简支梁，有边界条件：

$$w = 0 \tag{4-50}$$

$$w'' = \frac{\mathrm{d}^2 w}{\mathrm{d}x^2} = 0 \tag{4-51}$$

设梁的挠度函数为：

$$w = \sum_{i=0}^{N} a_i \varphi_i(x) = [\varPhi]\{a\} \tag{4-52}$$

式中，$[\varPhi] = [\varPhi_0, \ \varPhi_1, \ \varPhi_2, \ \cdots, \ \varPhi_N]$，$[a] = [a_0, \ a_1, \ a_2, \ \cdots, \ a_N]^T$。

由式(4-52)，可得残值：

$$R = EI[\varPhi^{(4)}]\{a\} - q(x) \tag{4-53}$$

式中，$\varPhi^{(4)} = \dfrac{\mathrm{d}^4 \varPhi}{\mathrm{d}x^4}$。

利用配点法，由式(4-53)得：

$$R(x_0) = EI[\varPhi^4(x_0)]\{a\} - q(x_0) = 0$$

$$R(x_1) = EI[\varPhi^4(x_1)]\{a\} - q(x_1) = 0$$

$$R(x_N) = EI[\varPhi^4(x_N)]\{a\} - q(x_N) = 0$$

即：

$$\{R\} = EI[A_x]\{a\} - \{f\} = \{0\} \tag{4-54}$$

式中，$\{f\} = \{q(x_k)\}$，称为载荷矩阵；$[A_x] = [\Phi^4(x_k)]$。

由此得：

$$[G]\{a\} = \{f\} \tag{4-55}$$

式中，$[G] = EI[A_x]$，称为刚度矩阵。

受压钻头可看作铰支端，满足边界条件：$w = 0$，$w'' = 0$。而扶正器处存在内弯矩和位移，不满足铰支边界条件，其试函数可构造为：

$$
\begin{cases}
\Phi_1(x) = \varphi_5\left(\dfrac{x}{h}-1\right) - \varphi_5\left(\dfrac{x}{h}\right) + 2\varphi_5\left(\dfrac{x}{h}+1\right) - 12\varphi_5\left(\dfrac{x}{h}+2\right) \\[2mm]
\Phi_2(x) = \varphi_5\left(\dfrac{x}{h}-2\right) - \dfrac{1}{4}\varphi_5\left(\dfrac{x}{h}-1\right) + \dfrac{1}{12}\varphi_5\left(\dfrac{x}{h}\right) \\[2mm]
\Phi_3(x) = \varphi_5\left(\dfrac{x}{h}-3\right) \\[2mm]
\quad\cdots\cdots \\[2mm]
\Phi_{N-3}(x) = \varphi_5\left(\dfrac{x}{h}-N+3\right) \\[2mm]
\Phi_{N-2}(x) = \varphi_5\left(\dfrac{x}{h}-N+2\right) - \dfrac{1}{33}\varphi_5\left(\dfrac{x}{h}-N\right) + \varphi_5\left(\dfrac{x}{h}-N-2\right) \\[2mm]
\Phi_{N-1}(x) = \varphi_5\left(\dfrac{x}{h}-N+1\right) - \dfrac{26}{33}\varphi_5\left(\dfrac{x}{h}-N\right) + \varphi_5\left(\dfrac{x}{h}-N-1\right) \\[2mm]
\Phi_N(x) = \varphi_5\left(\dfrac{x}{h}-N\right) - 2\varphi_5\left(\dfrac{x}{h}-N-1\right) - 14\varphi_5\left(\dfrac{x}{h}-N-2\right) \\[2mm]
\Phi_{N+1}(x) = \varphi_5\left(\dfrac{x}{h}-N-1\right) + \varphi_5\left(\dfrac{x}{h}-N-2\right)
\end{cases}
\tag{4-56}
$$

8）刚度矩阵

在钻柱的第一跨，取 $n = 7$，可算得第一跨刚度矩阵为：

$$
[G] = EIh^{-4}
\begin{bmatrix}
-30 & 2.5 & 0 & & & & & \\
12 & -5.833 & 1 & & & & & \\
-5 & 7.083 & -4 & 1 & & & & \\
1 & -4.25 & 6 & -4 & 1 & & & \\
0 & 1 & -4 & 6 & -4 & 1 & & \\
& & 1 & -4 & 5.97 & 4.788 & 1 & \\
& & 1 & -3.897 & 10.152 & -6 & 1 & \\
& & 1.818 & -12.717 & 0 & -3 & &
\end{bmatrix}
$$

若跨度两端皆不满足铰支边界条件，取 $n = 9$，可建立除第一跨外，其他各跨的刚度矩阵如下：

$$[G] = EIh^{-4} \begin{bmatrix} -3 & 0 & -12.727 & 1.181 \\ 1 & -6 & 10.152 & -3.897 & 1 \\ 0 & 1 & 4.788 & 5.97 & -4 & 1 \\ & & 1 & -4 & 6 & -4 & 1 \\ & & & 1 & -4 & 6 & -4 & 1 \\ & & & & 1 & -4 & 5.97 & 4.788 & 1 & 0 \\ & & & & & 1 & -3.879 & 10.152 & -6 & 1 \\ & & & & & & 1.818 & -12.707 & 0 & -3 \\ & & & & & & & 10.152 & 40 & 2 \\ & & & & & & & 4.788 & 75 & 2 \end{bmatrix}$$

9）载荷列阵

在第一跨，由于钻柱线重量径向分量为常量，所以有：

$$\{f\} = Q(1) \int_0^{L_1} [\varPhi]^T \mathrm{d}x$$

$$= Q(1) h(0.225,\ 0.6061,\ 0.9848,\ 1,\ 0.9848,\ 0.6061,\ 0.225,\ 0.05417)$$

式中，$h = L_1/7$。由于 $[G]\{a\} = \{f\}$，所以由 $\{a\} = [G]^{-1}\{f\}$ 可求得系数列阵。

由 $\tilde{w} = \sum_{i=1}^{N+1} a_i \varPhi_i$ 得到第一跨钻柱的挠度函数

$$\tilde{w} = a_1 \varPhi_1(x) + a_2 \varPhi_2(x) + a_3 \varPhi_3(x) + a_4 \varPhi_4(x) + a_5 \varPhi_5(x) + a_6 \varPhi_6(x) + a_7 \varPhi_7(x) + a_8 \varPhi_8(x)$$

对其他各跨：

$$\{f\} = Q(I) \int_0^{L(I)} [\varPhi]^T \mathrm{d}x$$

$$= Q(I) h \binom{0.054167,\ 0.225,\ 0.606,\ 0.98485,\ 1,\ 0.98485,\ 0.606,}{0.225,\ 0.054167,\ 0.01944}$$

式中，$h = L(I)/9$，$I = 2 \sim n$（n 为扶正器个数）。

同理，得其他各跨钻柱的挠度函数为：

$$\tilde{w} = a_{-1} \varPhi_{-1}(x) + a_0 \varPhi_0(x) + a_1 \varPhi_1(x) + a_2 \varPhi_2(x) + a_3 \varPhi_3(x) + a_4 \varPhi_4(x) +$$
$$a_5 \varPhi_5(x) + a_6 \varPhi_6(x) + a_7 \varPhi_7(x) + a_8 \varPhi_8(x)$$

10）确定挠度试函数在各配点的值

对第一跨：

$$\begin{bmatrix} 0.00001 & -0.00000117 \\ 0.349996 & 0.0972258 & 0.008333 \\ 0.208337 & 0.49653 & 0.21667 & 0.008333 \\ 0.008333 & 0.214587 & 0.55 & 0.21667 & 0.008333 \\ & 0.008333 & 0.21667 & 0.55 & 0.21667 & 0.008333 \\ & & 0.008333 & 0.21667 & 0.54975 & 0.2101 & 0.008333 \\ & & & 0.008333 & 0.2101 & 0.3876 & 0.200004 \\ & & & & -0.000000666 & 0.00000667 & -0.000002 \end{bmatrix}$$

对其他各跨：

$$
\begin{bmatrix}
0.225003 & -0.000002 & 0.00000667 & -0.000000666 \\
0.008333 & 0.200004 & 0.38762 & 0.2101 & 0.008333 \\
 & 0.008333 & 0.2101 & 0.54975 & 0.21667 & 0.008333 \\
 & & 0.008333 & 0.21667 & 0.55 & 0.21667 & 0.008333 \\
 & & & 0.008333 & 0.21667 & 0.55 & 0.21667 & 0.008333 \\
 & & & & 0.008333 & 0.21667 & 0.54975 & 0.2101 & 0.008333 \\
 & & & & & 0.008333 & 0.2101 & 0.3876 & 0.200004 & 0.008333 \\
 & & & & & & -0.000000666 & 0.00000667 & -0.000002 & 0.225003 \\
 & & & & & & & 0.2101 & 0.38762 & -3.9167 & 0.7667 \\
 & & & & & & & 0.54975 & 0.2101 & -8.125 & 0.7667
\end{bmatrix}
$$

根据前面建立的力学模型和数学分析，可以得到近钻头多扶正器受压钻柱的挠曲变形（函数），可以确定钻柱与套管（井壁）的接触点与接触力，为套管磨损深度分析提供数据。由于涉及高阶矩阵及迭代计算，实际应用中应编制计算机程序来分析。

4.6　磨损套管剩余强度理论

4.6.1　厚壁圆筒的弹塑性理论

一般而言，金属材料在轴向拉伸载荷的作用下，轴向拉伸载荷增大，其应力与应变关系如图 4-10 所示，变形经历了弹性变形阶段 $O-A$、弹塑变形阶段 $A-B$、应变硬化阶段 $B-C$ 和爆破阶段 $C-D$ 四个阶段，A 点对应的应力为屈服强度，D 点对应的应力为抗拉强度。在弹性变形区，应力与应变成线形关系，其应力应变路径是相同的，卸载完后无残余变形和残余应力。当应变进入弹塑变形后，应力与应变呈非线形关系（图 4-11），其加载与卸载过程的应力应变路径是不相同的（沿 $M-M'$ 线卸载），卸载完后存在残余变形，且下一次加载时应力与应变将沿上一次的卸载过程路径 $M-M'$ 线形变化到 M 点，$M-M'$ 线与弹性变形线基本平行。可见，弹塑变形后，弹性极限提高，这就是材料弹性承载能力自增强。

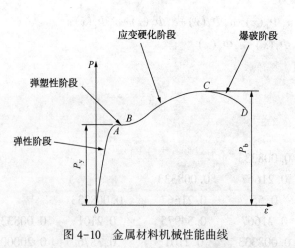

图 4-10　金属材料机械性能曲线　　　　图 4-11　金属材料应力应变路径

根据 API Spec 5CT—2005 标准，套管材料不同，其机械性能不同。对同一套管材料，由于成型工艺控制水平和质量控制稳定不同，机械性能也存在较大的离散性。因此，套管材料及成型工艺影响其抗内压能力，在实际表现上具有随机性。API Spec 5CT—2005 标准仅限制最小抗拉强度。

1）厚壁圆筒的弹性理论

石油套管的壁厚与外径的比一般小于 20，可近似看作厚壁圆筒。根据弹塑性力学理论，套管在柱坐标系下，三向应力如图 4-12 所示。当不考虑体积力时，厚壁圆筒问题属平面应变问题，三向应力分别为：

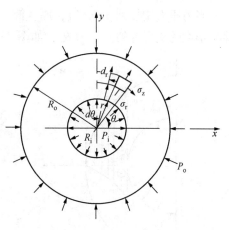

图 4-12 柱坐标系下的三向应力

$$\sigma_\theta = \frac{p_i R_i^2 - p_o R_o^2}{R_o^2 - R_i^2} + \frac{(p_i - p_o) R_i^2 R_o^2}{R_o^2 - R_i^2} \frac{1}{r^2} \quad (4-57)$$

$$\sigma_r = \frac{p_i R_i^2 - p_o R_o^2}{R_o^2 - R_i^2} - \frac{(p_i - p_o) R_i^2 R_o^2}{R_o^2 - R_i^2} \frac{1}{r^2} \quad (4-58)$$

$$\sigma_z = \frac{p_i R_i^2 - p_o R_o^2}{R_o^2 - R_i^2} \quad (4-59)$$

在套管外压比较小时，设 $p_o = 0$，得

$$\sigma_\theta = \frac{p_i R_i^2}{R_o^2 - R_i^2} \left(1 + \frac{R_o^2}{r^2}\right) \quad (4-60)$$

$$\sigma_r = \frac{p_i R_i^2}{R_o^2 - R_i^2} \left(1 - \frac{R_o^2}{r^2}\right) \quad (4-61)$$

$$\sigma_z = \frac{p_i R_i^2}{R_o^2 - R_i^2} \quad (4-62)$$

r 满足 $R_i \leqslant r \leqslant R_o$，可见 $\sigma_r < 0$，$\sigma_\theta > 0$，它们的分布情况如图 4-13 所示。从图 4-13 的应力分布图可以看出，当厚壁圆筒仅受内压时，在内表面应力 σ_r 和 σ_θ 都达到最大值，且为异常号。由式(4-60)、式(4-61)和式(4-62)强度分析可知，通过增加厚壁提高强度，则收效甚微。因此，工程上为了使应力合理分布，常用组合圆筒方法。所谓组合圆筒就是将两个或多个圆筒用热压配合或压入配合法套在一起，这种装配应力与内压力引起的工作应力叠加，可大大提高圆筒的承载能力。这种组合圆筒的问题具有广泛的实际意义。

当 p_i 逐渐增大，在 $r = R_i$ 处圆筒材料刚好开始屈服。此时，设对应内压 $p_i = p_s$，应满足屈服条件。根据 Mises 屈服条件，有

$$\sqrt{\frac{1}{2}\left[(\sigma_\theta - \sigma_r)^2 + (\sigma_r - \sigma_z)^2 + (\sigma_z - \sigma_\theta)^2\right]} = \sigma_s \quad (4-63)$$

将 σ_r、σ_θ 和 σ_z 代入式(4-63)，得

$$\frac{p_s R_i^2}{R_o^2 - R_i^2} \sqrt{\frac{1}{2}\left[\left(2\frac{R_o^2}{R_i^2}\right)^2 + \left(-\frac{R_o^2}{R_i^2}\right)^2 + \left(-\frac{R_o^2}{R_i^2}\right)^2\right]} = \sigma_s$$

$$\frac{\sqrt{3} p_i R_o^2}{R_o^2 - R_i^2} = \sigma_s$$

即初始屈服时的内压为：

$$p_s = \left(1 - \frac{R_i^2}{R_o^2}\right)\frac{\sigma_s}{\sqrt{3}} \tag{4-64}$$

2）厚壁圆筒的弹塑性理论

当内压力增加到 $p_i > p_s$ 时，厚壁筒一部分处于弹性状态，另一部分处于塑性状态，设弹性与塑性的交界处的半径为 R_c，如图 4-14 所示。

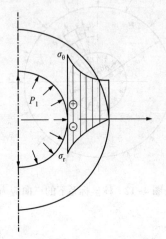

图 4-13　完全弹性时 σ_r 和 σ_θ 应力沿壁厚的分布　　　　图 4-14　弹塑性共存示意图

在 $R_c \leqslant r \leqslant R_o$ 区间为弹性区，在 $r = R_c$ 处是弹塑性交界处，刚好出现屈服。因此，将式（4-64）中的 R_i 换成 R_c，弹性与塑性的交界处的压强 p_c 为：

$$p_c = \left(1 - \frac{R_c^2}{R_o^2}\right)\frac{\sigma_s}{\sqrt{3}} \tag{4-65}$$

在式（4-60）、式（4-61）和式（4-62）中用 p_c 取代 p_i，R_c 取代 R_i。则弹性区的应力为：

$$\sigma_\theta = \frac{\sigma_s R_c^2}{\sqrt{3} R_o^2}\left(1 + \frac{R_o^2}{r^2}\right) \tag{4-66}$$

$$\sigma_r = \frac{\sigma_s R_c^2}{\sqrt{3} R_o^2}\left(1 - \frac{R_o^2}{r^2}\right) \tag{4-67}$$

$$\sigma_z = \frac{\sigma_s R_c^2}{\sqrt{3} R_o^2} \tag{4-68}$$

在 $R_i \leqslant r \leqslant R_c$ 区间形成塑性区，如略去体力，在塑性区平衡方程为：

$$\frac{d\sigma_r}{dr} + \frac{\sigma_r - \sigma_\theta}{r} = 0$$

对理想弹塑性材料，将 Mises 屈服条件 $\sigma_\theta - \sigma_r = \frac{2}{\sqrt{3}}\sigma_s$ 代入式（4-68），并积分得

$$\sigma_r = \frac{2}{\sqrt{3}}\sigma_s \ln r + A$$

式中，A 为积分常数，由边界条件定出。当 $r=R_i$ 时，有 $\sigma_r = -p_i$。因此

$$\sigma_r = -p_i + \frac{2}{\sqrt{3}}\sigma_s \ln\frac{r}{R_i} \tag{4-69}$$

由于 $\sigma_\theta - \sigma_r = \frac{2}{\sqrt{3}}\sigma_s$，故

$$\sigma_\theta = -p_i + \frac{2}{\sqrt{3}}\sigma_s\left(1+\ln\frac{r}{R_i}\right) \tag{4-70}$$

$$\sigma_z = \frac{1}{\sqrt{3}}\sigma_s\left(1+2\ln\frac{r}{R_i}\right) - p_i \tag{4-71}$$

在弹塑性交界 $r=R_c$ 处，有 $p_c = p_i - \frac{2}{\sqrt{3}}\sigma_s \ln\frac{R_c}{R_i}$

$$p_i = \frac{\sigma_s}{\sqrt{3}}\left(1-\frac{R_c^2}{R_o^2}\right) + \frac{2}{\sqrt{3}}\sigma_s \ln\frac{R_c}{R_i} \tag{4-72}$$

$$\frac{1}{2}\left(1-\frac{R_c^2}{R_o^2}\right) + \ln\frac{R_c}{R_i} = \frac{\sqrt{3}}{2\sigma_s}p_i \tag{4-73}$$

式(4-73)是弹塑性交界线应满足的方程，该方程是一超越方程，当给定 p_i 时可用数值法求出 R_c 值。当 R 算出后，可分别用弹性区和塑性区应力计算公式计算出应力。

3）厚壁圆筒的塑性理论

当载荷继续增加时，塑性区逐渐向外扩大。当其前沿一直扩展到圆筒的外侧时，整个圆筒全部进入塑性状态，这种状态称为极限状态。在极限状态以前，由于有外侧弹性区的约束，圆筒内侧塑性区的变形与弹性变形为同量级。从极限状态开始，圆筒将开始产生较大的塑性变形，成为无约束性流动。极限状态是从正常工作状态转向丧失工作能力的一种临界状态。当 R_c 等于 R_o 时，全塑性时内压 p_b 由式(4-72)得

$$p_b = \frac{2\sigma_s}{\sqrt{3}}\ln\frac{R_o}{R_i} \tag{4-74}$$

极限状态的内压 p_b 也称为抗爆破内压强度。在极限状态下，应力分布如图 4-15 所示。从图中可见，其 σ_θ 的最大值发生在筒的外壁，由于采用 Mises 条件，σ_θ 与 σ_r 之差保持为常值 $\frac{2\sigma_s}{\sqrt{3}}$。这与弹性状态不同，在弹性状态下，$\sigma_\theta$ 的最大值发生在筒的内壁。

4.6.2 磨损套管的剩余强度理论

与未磨损套管相比，在外载荷作用下，磨损套管剩余强度分析是一个非轴对称的问题，除有限元方法等数值解法外，很难求得通用的解析解。为了方便，如图 4-16 所示，一种做法是，假设套管内壁被均匀的磨掉了 Δt 的深度，即最小壁厚均匀磨损模型。与实际的月牙形磨损相比，该模型套管面积损失加大了许多，因此，得到的磨损套管剩余强度偏低，低估了月牙形磨损套管的剩余强度。

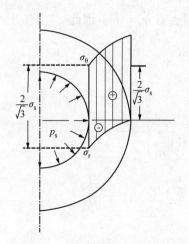

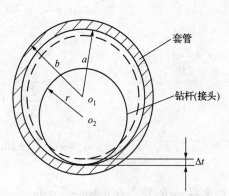

图 4-15 完全塑性时应力分布图　图 4-16 最小壁厚均匀磨损套管模型

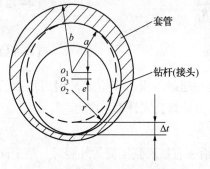

图 4-17 偏心圆筒磨损套管模型

目前，人们更愿意接受的是如图 4-17 所示偏心圆筒模型，该模型以圆心位于套管中心与磨损最深点的连线上的一个新圆为磨损套管的内壁，半径为(套管内径+磨损深度)/2，与套管中心的偏心距为 $\Delta t/2$。与均匀磨损模型相比，该模型所缺失套管横截面面积更接近于月牙形磨损。本节用偏心圆筒模型分析内外压力作用下套管的剩余强度。

如图 4-17 所示，在内外压力作用下，月牙形内壁磨损应力与强度计算问题为非轴对称问题，在一般的直角坐标系中，很难得到其应力分布的解析解，而文献所介绍的双极坐标法可以将具有两个非同心圆边界的偏心圆筒模型转化为双极坐标下的轴对称问题，因此，以下用双极坐标法分析磨损套管的剩余强度。

1) 双极坐标理论简介

内外压力作用下偏心磨损套管强度计算属于具有两个非同心圆边界的问题，在这种情况下，可采用下式所定义的双极坐标 ξ 和 η：

$$z = iacth\frac{1}{2}\zeta, \quad \zeta = \xi + i\eta \tag{4-75}$$

式中，a 是实常数。

用 $(e^{\frac{1}{2}\zeta} + e^{-\frac{1}{2}\zeta}) / (e^{\frac{1}{2}\zeta} + e^{-\frac{1}{2}\zeta})$ 代替 $cth\frac{1}{2}\zeta$，数学上容易证明，相当于：

$$\zeta = \ln\frac{z+ia}{z-ia} \tag{4-76}$$

式中，$z+ia$ 这个量可用连结 xy 平面内的 $(0, -ia)$ 点与 z 点的线段来代表，因为这个线段在坐标轴上的投影给出了实部和虚部。该量也可用 $r_1 e^{i\theta_1}$ 来代表，其中，θ_1 是该线段与 x 轴的夹角，r_1 是该线段的长度。同样地，$z-ia$ 是连结平面内的 $(0, ia)$ 点与 z 点的线段，并可用 $r_2 e^{i\theta_2}$ 代表。因此，方程(4-76)就变为：

$$\xi+i\eta=\ln\left(\frac{r_1}{r_2}e^{i\theta_1}e^{-i\theta_2}\right)=\ln\frac{r_1}{r_2}+i(\theta_1-\theta_2) \tag{4-77}$$

因而有：

$$\xi=\ln\frac{r_1}{r_2},\quad \eta=\theta_1-\theta_2 \tag{4-78}$$

由图4-18可知，当典型点z在y轴右边时，$\theta_1-\theta_2$就是连接两个极点$(0,-ia)$、$(0,ia)$及此典型点z的两线段之间的夹角；而当典型点在y轴左边时，两线段之间的夹角冠以负号就是$\theta_1-\theta_2$。由此可知，曲线$\eta=\mathrm{const}$是经过两个极点的圆弧。图4-18所示就是若干个这样的圆。

由方程(4-78)可见，$\xi=\mathrm{const}$是一条$r_1/r_2=\mathrm{const}$的曲线，这样的曲线形成一个圆。当r_1/r_2大于1，也就是ξ为正值时，这个圆绕着极点$(0,ia)$；反之，若ξ为负值，它就绕着另一个极点$(0,-ia)$。如图4-18所示，若干个这样的圆形成一簇以两个极点为极限点的共轴圆。在整个平面内，η的范围由$-\pi$到π。

2）偏心磨损套管在内外压力作用下的应力分析

如图4-19所示，利用保角变换$z=iacth\dfrac{\zeta}{2}$为偏心圆筒磨损套管磨损模型建立双极坐标系。

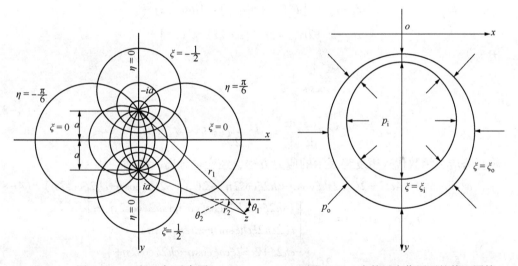

图4-18　双极坐标示意图　　　　图4-19　内外压力作用下的偏心圆筒

因为：

$$z=x+iy,\quad \zeta=\xi+i\eta \tag{4-79}$$

$$z=iacth\frac{\zeta}{2}=\frac{a\sin\eta}{ch\xi-\cos\eta}+i\frac{ash\xi}{ch\xi-\cos\eta} \tag{4-80}$$

因此有：

$$x=\frac{a\sin\eta}{ch\xi-\cos\eta}$$
$$\tag{4-81}$$
$$y=\frac{ash\xi}{ch\xi-\cos\eta}$$

若 $\xi=\xi_0=\text{const}$，式（4-81）为圆的参数方程。将 $\xi=\xi_0$ 代入式（4-81），消去 η 后得到：

$$x^2+(y-acth\xi_0)^2=a^2csch^2\xi_0 \tag{4-82}$$

这是一个圆心位于 y 轴，半径为 $acsch\xi_0$，与原点相距 $acth\xi_0$ 的圆。取 ξ 等于另一常数 ξ_1，式（4-82）也表示一个半径为 $acsch\xi_1$，圆心位于 y 轴，与原点相距为 $acth\xi_1$ 的圆。

弹性力学理论研究表明，采用上述双极坐标易于求解类似于偏心圆筒非轴对称问题。用 $\xi=\xi_1$ 表示偏心圆筒的内边界，用 $\xi=\xi_0$ 表示偏心圆筒的外边界，在内外圆的半径及中心距确定后，经坐标变换，就可以确定常数 a、ξ_0 和 ξ_1。

在图 4-18 中，从 y 轴左侧开始，将 $\xi=\text{const}$ 的任意一个圆逆时针旋转转一周，极坐标 η 由 $-\pi$ 变为 π，在其力学意义为：若 $\eta=\pi$ 或 $\eta=-\pi$，两处的应力和位移函数值相同。也就是说，它是以 2π 为周期的 η 的函数。

取周期为 2π，以 η 为变量的复变周期函数 $ch\xi$，$sh\xi$。如图 4-18 所示，由于月牙形偏心磨损圆筒模型对称于 y 轴，所以，在内外压力作用下，偏心圆筒内的径向应力、环向应力、剪切应力函数表达式也必然是关于 y 轴对称的。因此，可采用如下复势应力函数：

$$\psi(z)=iBch\zeta+iCsh\zeta+Az，\quad x(z)=aBsh\zeta+aCch\zeta+aD\zeta$$

在曲线坐标中，可以方便地得到用复势表示的应力方程：

$$\sigma_\xi+\sigma_\eta=2\left[\psi'(z)+\overline{\psi'(z)}\right]=4Re\psi'(z)$$

$$\sigma_\eta-\sigma_\xi+2i\tau_{\xi\eta}=2e^{2i\alpha}\left[\bar{z}\psi''(z)+x''(z)\right]$$

因为：

$$z=iacth\frac{1}{2}\zeta$$

$$\tag{4-83}$$

$$e^{2i\alpha}=\frac{dz}{d\zeta}\Big/\frac{d\bar{z}}{d\zeta}=-sh^2\frac{1}{2}\bar{\zeta}csch^2\frac{1}{2}\zeta$$

将复势应力函数代入用复势表示的应力方程，经变量分离，得到：

$$a(\sigma_\xi+\sigma_\eta)=4aC_1+2C_2(2sh\xi\cos\eta-sh2\xi\cos2\eta)-2C_3(1-2ch\xi\cos\eta+ch2\xi\cos2\eta) \tag{4-84}$$

$$a(\sigma_\eta-\sigma_\xi+2i\tau_{\xi\mu})=-2C_1\begin{bmatrix}(sh2\xi-2sh2\xi\cos\xi\cos\eta+sh2\xi\cos2\eta)-\\i(2ch2\xi ch\xi\sin\eta-ch2\xi\sin2\eta)\end{bmatrix}+$$

$$2C_3\begin{bmatrix}-ch2\xi+2ch2\xi ch\xi\cos\eta-ch2\xi\cos2\eta+\\i(2sh2\xi\cos\xi\sin\eta-sh2\xi\sin2\eta)\end{bmatrix}+$$

$$C_4[sh2\xi-2sh\xi\cos\eta-i(2ch\xi\sin\eta-\sin2\eta)] \tag{4-85}$$

式（4-83）、式（4-84）中 C_1、C_2、C_3、C_4 为待定系数，可由边界条件来确定。

在偏心圆筒磨损套管的外圆边界和内壁边界上，$\xi=\xi_0$、$\xi=\xi_1$，因为只受径向压力的作用，因此，边界上的剪切应力 $\tau_{\xi\eta}=0$，因而有：

$$C_4-2C_2ch2\xi_0-2C_3sh2\xi_0=0 \tag{4-86}$$

$$C_4-2C_2ch2\xi_1-2C_3sh2\xi_1=0 \tag{4-87}$$

联立式（4-86）和式（4-87），解得：

$$2C_2=C_4\frac{ch(\xi_1+\xi_0)}{ch(\xi_1-\xi_0)} \tag{4-88}$$

$$2C_3 = -C_4 \frac{sh(\xi_1+\xi_0)}{ch(\xi_1-\xi_0)} \tag{4-89}$$

在偏心圆筒磨损套管的外边界上，$\xi=\xi_0$，只受径向外压的作用，因此，有应力边界条件 $\sigma_\xi = -p_0$；同样地，在偏心圆筒磨损套管的内边界上，$\xi=\xi_1$，因只受径向内压作用，因此，有应力边界条件 $\sigma_\xi = -p_1$。由径向应力 σ_ξ 的表达式，有：

$$2C_1 + \frac{C_4}{a}sh^2\xi_0 th(\xi_1-\xi_0) = -p_0 \tag{4-90}$$

$$2C_1 - \frac{C_4}{a}sh^2\xi_1 th(\xi_1-\xi_0) = -p_i \tag{4-91}$$

由式(4-90)和式(4-91)可求出：

$$C_1 = -\frac{1}{2}\frac{p_0 sh^2\xi_1 + p_i sh^2\xi_0}{sh^2\xi_1 + sh^2\xi_0} \tag{4-92}$$

$$C_4 = -a\frac{(p_0-p_i)cth(\xi_1-\xi_0)}{sh^2\xi_1 + sh^2\xi_0} \tag{4-93}$$

将式(4-93)代入式(4-88)和式(4-89)，解得：

$$C_2 = -\frac{a}{2}\frac{(p_0-p_i)cth(\xi_1-\xi_0)}{sh^2\xi_1 + sh^2\xi_0}\frac{ch(\xi_1+\xi_0)}{ch(\xi_1-\xi_0)} \tag{4-94}$$

$$C_3 = \frac{a}{2}\frac{(p_0-p_i)cth(\xi_1-\xi_0)}{sh^2\xi_1 + sh^2\xi_0}\frac{sh(\xi_1+\xi_0)}{ch(\xi_1-\xi_0)} \tag{4-95}$$

确定了常数 C_1、C_2、C_3、C_4 等待定系数，复势 $\psi(z)$，$x(z)$ 也就随之确定。将确定的复势应力函数代入用复势表示的应力方程可以方便地解出，在内外压力作用下，由曲线坐标表示的偏心磨损套管内的环向应力、径向应力与剪切应力如下：

径向应力表达式为：

$$\sigma_\xi = \left\{ \begin{aligned} &[2sh\xi cos\eta - sh(2\xi)]ch(\xi_1-\xi_0) + sh(\xi_1+\xi_0) + \\ &2cos\eta sh(\xi-\xi_1-\xi_0) + sh(2\xi-\xi_1-\xi_0)(1-2ch\xi cos\eta) \end{aligned} \right\} \left[\frac{p_i-p_0}{2C_5 sh(\xi_1-\xi_0)} \right] - \frac{p_i sh^2\xi_0 + p_0 sh^2\xi_1}{C_5}$$

$$\tag{4-96}$$

环向应力表达式为：

$$\sigma_\xi = \left\{ \begin{aligned} &[-2sh\xi cos\eta + sh(2\xi)]ch(\xi_1-\xi_0) + sh(\xi_1+\xi_0) + 2cos\eta sh \\ &(\xi-\xi_1-\xi_0) + sh(2\xi-\xi_1-\xi_0)(-2cos(2\eta)-1+2ch\xi cos\eta) \end{aligned} \right\} \left[\frac{p_i-p_0}{2C_5 sh(\xi_1-\xi_0)} \right] - \frac{p_i sh^2\xi_0 + p_0 sh^2\xi_1}{C_5}$$

$$\tag{4-97}$$

剪应力表达式为：

$$\tau_{\xi\eta} = \frac{1}{2}(sin2\eta - 2hc\xi sin\eta)\left[1 - \frac{ch(2\xi-\xi_1-\xi_0)}{ch(\xi_1-\xi_0)} \right]\left[\frac{(p_i-p_o)cth(\xi_1-\xi_0)}{C_5} \right] \tag{4-98}$$

上述应力表达式中，中间常数 $C_5 = sh^2\xi_1 + sh^2\xi_0$；$t$ 为未磨损套管的公称壁厚；r_0 为偏心磨损套管的外圆半径；r_1 为偏心磨损套管的内圆半径；t' 为磨损沟槽最深处套管的最小壁厚；c 为偏心磨损套管偏心圆筒模型内外圆的偏心距。

经简单的几何运算可以得到：

$$r_1 = r_0 - \frac{t+t'}{2} \tag{4-98}$$

$$c = \frac{t-t'}{2} \tag{4-99}$$

$$r_0 = \frac{a}{sh\xi_0} \tag{4-100}$$

$$r_1 = \frac{a}{sh\xi_1} \tag{4-101}$$

$$c = \frac{a}{th\xi_0} - \frac{a}{th\xi_1} \tag{4-102}$$

$$\frac{r_0^2}{a+\sqrt{a^2+r_0^2}} - \frac{r_1^2}{a+\sqrt{a^2+r_1^2}} = c \tag{4-103}$$

$$a = \frac{1}{2c}\sqrt{r_1^4 - 2c^2 r_1^2 + r_0^4 - 2c^2 r_0^2 - 2r_0^2 r_1^2 - c^4} \tag{4-104}$$

3) 偏心磨损套管剩余强度分析

以上利用双极坐标方法，得到了内外压作用下偏心磨损套管内的环向应力、径向应力、剪切应力表达式。代入不同的内外压力数值进行分析，可以发现，无论是在外压作用单独作用，还是内压作用单独作用，或内外压力联合作用，在磨损沟槽最薄处的内壁，套管内的环向应力总是最大的。根据强度理论，若某一结构内某一点的应力达到材料的屈服极限，结构即失效，因此，由式(4-97)，解得月牙形磨损的套管剩余抗挤强度 p'_{ocr} 为：

$$p'_{ocr} = \frac{C_5 sh(\xi_1 - \xi_0)}{-2sh\xi_0 - sh(\xi_1 + \xi_0) + sh(\xi_1 - \xi_0)(1 - 2sh^2\xi_1)}\sigma_s \tag{4-105}$$

剩余抗内压强度 p'_{icr} 为：

$$p'_{icr} = \frac{C_5 sh(\xi_1 - \xi_0)}{2sh\xi_0 + sh(\xi_1 + \xi_0) - sh(\xi_1 - \xi_0)(1 + 2sh^2\xi_0) + C_5 sh(\xi_1 - \xi_0)}\sigma_s \tag{4-106}$$

4.7 套管腐蚀

套管损坏包括套管腐蚀，是对油气井十分不利的复杂问题，需要采取综合措施进行治理，国外从 20 世纪 40 年代开始调查套管腐蚀损坏的原因，并试验了多种防治措施。早在 50 年代初，美国海湾石油公司就对 2429 口井进行调查，结果表明，有 47% 的井发生了套管腐蚀破坏。3 年之后，对气井也作了类似的调查，美国有 45% 的气井的套管遭到了不同程度的电化学腐蚀，并且以套管外部腐蚀为主。

套管腐蚀的后果是严重的，一旦套管腐蚀穿孔，将出现多点破漏。腐蚀会加速套管的疲劳进而过早变形和损坏。我国大庆油田，浅层套管腐蚀严重。长庆油田发现许多井的套管外表被浅层水腐蚀，还有穿孔现象。从投产到腐蚀穿孔最短时间为 16 个月，最长为 5 年半。1973 年，该油田曾在岭 1 井井口对洛河浅水层挂片做腐蚀实验，其挂片腐蚀最大速度为 1.12mm/a，按这样速度计算，壁厚 7.72mm 套管 6~7 年被腐蚀坏了。据统计，截至 1980 年底，被调查的长庆马岭油田北一区、北二、中一区、南一区和南试验区 429 口油田中，发现被腐蚀穿孔的井就有 34 口，占调查井数的 7.9%。

套管腐蚀的根源涉及套管本身以及与套管接触的活性介质和腐蚀条件。套管本身是由含 Fe 原子的金属构成的，由于 Fe 原子失去电子变成 Fe^{2+} 离子而与介质发生化学反应。一般来说，优质套管不易腐蚀，劣质套管和薄弱部位腐蚀快。就介质而言，原油中含硫，天然气中含二氧化碳和硫化氢，地层水中含有各种盐类离子和结垢、溶解氧等，它们均以离子的形式长期作用于套管表面，与套管中的铁和二价铁离子发生反应而腐蚀管体。腐蚀条件还包括一定的温度、压力、二价铁离子浓度及地层水存在的还原菌等。

井下套管腐蚀机理很多，但常见的有电化学腐蚀、化学腐蚀、细菌腐蚀、氢脆及结垢腐蚀等 5 种。

4.7.1 电化学腐蚀

电化学腐蚀的基础是电子转移，即由内部离子交换引起的，实质上是形成了像电池一样的系统。电化学腐蚀是油田常见套管腐蚀形式。一般讲，要发生电化学腐蚀需要具备如下条件，即必须存在不同金属和传导电解质。而这两个条件是很容易满足的，这主要是由于套管与套管、套管与接箍，甚至在同根同根内部其成分都不完全相同，因而很容易满足第一条件，至于第二条件，当存在矿化度很高的地层水就很容易满足，所以电化学腐蚀被认为是最普通的腐蚀形式。

电化学腐蚀主要发生在外层套管壁上，电化学腐蚀性的强弱首先取决于离子离开晶格的能力，能量越大，离子就越容易脱离周围介质的晶格。其次，这种强弱取决于周围介质的数量，及其从双电层中捕获电子的能力。除了介质的腐蚀作用外，辅助构造或离散电流中的电子耦合效应也能造成金属的溶蚀。套管与底层水的接触，不同电化学电位的接触界面可能成为产生腐蚀电流的源体。套管金属成分变化悬殊以及流体含盐量等也能促进腐蚀的发生。

电化学主要是溶解氧、二氧化碳、硫化氢、氯离子、硫酸氢根离子、硫酸根离子、碳酸氢根离子、碳酸根离子、钙离子、镁离子造成的。现场常见的是溶解氧、二氧化碳、硫化氢造成的。

1）溶解氧引起腐蚀

在油田生产中腐蚀最突出的因素是溶于水中的氧气，氧具有很强的腐蚀性，即使是浓度很低，也可以引起严重腐蚀。铁的腐蚀大部分是由于水和氧的共同作用结果，由于水通常会发生下列离解。

$$H_2O \rightarrow H^+ + OH^-$$

此时，如果钢铁表面的点位不同，就向带有负电的铁游动，在铁表面与电子结合，形成氢膜：

$$H^+ + e = H^0$$

另一方面，溶于水中 Fe^{2+} 与水中剩下来的 OH^- 结合，生成氢氧化亚铁：

$$Fe^{2+} + 2(OH^-) = Fe(OH)_2 \downarrow$$

当在铁表面生成氢膜时，就像电镀层似的能阻止铁进一步离子化。而水中生成的氢氧化亚铁是碱性的，这样在铁周围稳定下来，控制住了铁的继续离子化。

但是，如果氧继续存在，这层氢膜就与氧结合，还原成水。这样，铁的表面又暴露在水中，铁的离子化又重新开始。同时，一部分溶解氧与氢氧化亚铁结合，生成较疏松的氢氧化铁(红袖)沉淀，使碱性消失，铁再次处于易溶状态。

$$4Fe(OH)_2+O_2+2H_2O=4Fe(OH)_3$$

另外，当附着铁锈时，铁锈的溶解氧就少，从而形成氧的浓度差电池，发生腐蚀，并往往出现很大凹痕装点蚀。铁与水接触时，如果一部分存在富氧，另一部分缺氧，则形成一个局部电池。含富氧的部分为阴极，缺氧部分为阳极，从而阳极被腐蚀，其反应如下：

阳极侧： $$Fe \rightarrow Fe^{2+}+2e$$

阴极侧： $$2H^++1/2O_2 \rightarrow H_2O$$

在这个反应后，将继续发生上述那种生成氢氧化铁腐蚀过程，在局部产生很深的腐蚀坑，长期这样作用下去，套管被腐蚀穿孔，或出现严重麻点现象，造成套管强度降低。

溶解氧除产生电化学腐蚀外，还是铁细菌活动所必需的能量，提高能量如下式：

$$2Fe^{2+}+(n+2)H_2O+1/2O_2 \rightarrow Fe_2O_3 \cdot nH_2O+4H^+$$

据测定，在密封挂片的情况下，开始时由于溶解氧的含量较高，铁细菌迅速繁殖，但随着溶解氧的含量降低，铁细菌生长得到抑制，基本上维持在一个水平。

溶解氧除上述腐蚀作用外，还对其他一些腐蚀因素的腐蚀作用有推波助澜的效能，例如，在含氧和无氧情况下，含二氧化碳的水对钢铁的腐蚀程度就大不相同。无氧时，二氧化碳对钢铁的腐蚀极其轻微，当含氧量上升时，腐蚀率就迅速上升。

综合上述，溶解氧不但自身是一个重要腐蚀因素，腐蚀速度随溶解氧含量上升而呈直线上升，而且对铁细菌、二氧化碳和其他腐蚀因素的腐蚀有加速作用。

2) 二氧化碳的腐蚀作用

当水中游离的二氧化碳越多，则形成的 $2HCO_3^-$ 的浓度就越高，而 H_2CO_3 电离生成极化剂 H^+，产生氢去极化反应，反应机理是：

CO_2 溶于水： $$CO_2+H_2O \rightarrow H_2CO_3$$

碳酸解离： $$H_2CO_3 \rightarrow H^++HCO_3^-$$

再次解离： $$HCO_3^- \rightarrow H^++CO_3^{2-}$$

在阴极： $$2H^++2e \rightarrow H_2$$

腐蚀产物： $$Fe^{2+}+CO_3^{2-} \rightarrow FeCO_3$$

CO_2 腐蚀程度取决于温度、压力、CO_2 含量、水的 pH 值、水的组分、沉淀物类型和流动条件。其重要影响因素是 CO_2 在水中的含量，CO_2 越多，地下水对井下套管的氢极化腐蚀越强。低硫油井和凝析气井中，局部腐蚀要比均匀腐蚀严重得多，特别是 CO_2 分压升高到 0.1MPa 时，碳钢的坑腐更严重，腐蚀穿透率也很高，一般可达 10mm/a。CO_2 腐蚀产物为 $FeCO_3$，含量高时呈白色，而且比较坚硬，遇酸起泡。

3) 硫化氢对套管腐蚀

硫化氢主要来自含硫地层，其次是钻井液中有机磺化物在温度超过 150℃ 左右(磺化褐煤热降解温度更低)高温条件下发生热分解，以及硫酸盐还原菌硫酸根还原成硫化氢，硫化氢对套管有很大影响，硫化氢气体溶于水可腐蚀套管，对高温套管易产生氢脆，其腐蚀机理如下：

硫化氢是二元酸，在水溶液中按下列步骤进行电离：

$$H_2S \rightarrow H^+ + HS^-$$

$$HS^- \rightarrow H^+ + S^{2-}$$

硫化氢在水中电离后，其溶液中存在 H^+、SH^-、S^{2-} 和 H_2S 分子呈电离平衡，H_2S 对钢材的腐蚀是氢极化过程，其阳极反应如下：

阳极反应：$\qquad\qquad\qquad Fe - 2e \rightarrow Fe^{2+}$

阴极反应：$\qquad\qquad\qquad 2H^+ + 2e \rightarrow H_2$

Fe 与 H_2S 总的腐蚀过程的反应：

$$xFe + yH_2S \rightarrow Fe_xS_y + yH_2$$

H_2S 对钢材的腐蚀理论研究比较多，目前普遍认为 H_2S 在水溶液中发生电离生成 H^+，由于 HS^-，S^{2-} 及 FeS 的存在加速了 H^+ 放氢，并加速 H^+ 吸附在金属表面继而进入金属晶格内，遇到金属内的夹杂物、晶间空隙或其这缺陷时，原子氢在某些部位积聚，结合成分子氢，体积增大很多倍，在金属内部产生极大应力，致使低强度低合金钢材在未收到外加力的体积下产生氢鼓泡或阶梯式裂纹，而使强度高或硬度大的钢材产生晶格变形，使钢材变脆产生微裂纹，即氢脆。

当套管在含硫化物环境中受到拉应力或管体残余应力的作用时，套管由氢脆所引起的微裂纹迅速发展，最后使套管在远低于其屈服强度时发生脆断破坏。

硫化氢对套管发生腐蚀破坏有如下特征：

低强度套管硫化物应力腐蚀。低强度套管在 H_2S 介质中，由于原子氢渗透，管体内部夹杂物或缺陷处形成氢分子产生很大内压力，在管体的夹杂物或缺陷部位鼓泡产生氢诱发裂纹或阶梯式的微裂纹。当此种裂纹与管材的轧制方向平行，则低强度管材塑性变形比高强度钢材大，因此低强度套管不易发生氢脆。

高强度套管硫化物应力腐蚀。高强度套管产生硫化物应力腐蚀开裂，其特点是断面裂纹为脆断，裂纹扩展部位的塑性变形很小。管体硫化物破裂部位大都发生在管体的应力集中部位，如机械伤痕、裂缝及其热影响区或金属材料内部夹杂物区域等。硫化物应力腐蚀开裂的时间很难预料，破坏的时间长短不一，几小时或几个月，甚至有长达数年才发生硫化物应力腐蚀。

H_2S 的浓度对腐蚀的影响。影响 H_2S 腐蚀的因素有很多，如浓度、温度、pH 值等，其中硫化氢的浓度（或分压）影响比较大。

H_2S 浓度对钢材腐蚀影响是较复杂的，H_2S 对钢材的失重腐蚀和硫化物应力腐蚀开裂的影响是不相同的。通常，不同浓度的 H_2S 水溶液对碳钢的腐蚀速度影响如下：当 H_2S 浓度由 2×10^{-6} 增加到 150×10^{-6}，金属腐蚀速度迅速增加；H_2S 浓度增加到 400×10^{-6}，腐蚀速度达到高峰；但当 H_2S 浓度继续增加到 1600×10^{-6} 时，金属腐蚀速度反而下降；当浓度在 $(1600 \sim 2000) \times 10^{-6}$ 时，则金属腐蚀速率基本不变。

4.7.2 化学腐蚀

化学腐蚀主要是指不能产生明显电压的化学反应，这种腐蚀主要是套管与腐蚀性液体之间的直接发生化学反应的结果，这种腐蚀基本上发生在套管内壁上，油田中最常见的是酸腐蚀。油田为了增产增注普遍采用酸化措施，酸一般用浓度为10%~18%盐酸与土酸结合，用高压设备通过油管和套管射孔部位挤入地层，射孔部位的套管强度本身较弱，若射孔套管部分发生腐蚀。将更进一步降低套管强度。在外力作用下，很容易发生损坏。

经试验，浓度10%~18%的盐酸在常温、常压下对铁的腐蚀速度不大，但在酸化改造油层中，若缓蚀剂效果不好或不加入缓蚀剂，则随着温度、压力和搅拌增加，腐蚀反应速度大大加快。

在高温(超过60℃)下盐酸不加缓蚀剂，铁和盐酸反应是相当剧烈的。例如，汉江油田在浩1-9-3井注入2m³盐酸进行酸化，由于残酸未排尽，68天之后井下21根油管及工具全部报废，腐蚀井段长度达250m，可见套管腐蚀是很严重的，该油田还有许多井进行过大量酸化或反复酸化后，结果都在最后一次酸化不久，在原酸化井段发现套管损坏，这说明套管损坏与酸对它的腐蚀降低了套管强度有相当大的影响。

4.7.3 细菌腐蚀

大量试验表明，回注污水中含有细菌，有少数油田油井产出液含有不少细菌，其腐蚀以铁细菌和硫酸盐还原菌为主。在温度较适宜(40~60℃)，且氧气与补充情况下，铁细菌的生长可受到抑制，但在有较充足的营养物质的情况下，硫酸盐还原菌便得到一定发展。

铁细菌与助于亚铁盐的接触氧化，并促使形成浓差电池，加速腐蚀。同时，它所形成的垢内部也成了煤气性细菌的良好繁殖环境，回注污水中硫酸盐还原菌可以在有烃类物质条件下，把水中硫酸根还原，生产硫化氢对金属铁进行腐蚀，其反应如下：

$$SO_4^{2-}+8H^++8e=2OH^-+2H_2O+H_2S\downarrow$$

$$Fe+H_2S+2OH^-=FeS+2H_2O$$

江汉油田王九注水站X一段油井随原油采出的水化验，化验得到硫化氢含量高达8~9mL/L，而注入油层的H_2S含量仅2~3mL/L(经过处理)，从而可以认为这些井硫化氢含量大量增加，是回注油层污水的硫酸盐还原菌作用生成的。吉林乾安油田在井底不加入杀硫酸盐还原菌药品，通过挂片实验测定其腐蚀速度为0.52mm/年，可见该细菌造成的腐蚀速度是相当惊人的。

4.7.4 结垢腐蚀

这里的结垢是指腐蚀产物如FeS、$FeCO_3$、FeO等铁化物，及通常所指的在钢铁表面的沉积物如$CaCO_3$、$MgCO_3$、$CaSO_4$、$BaSO_4$及硅垢污泥等，这些结垢很不均匀，不但起不到保护作用，相反会加速腐蚀。其腐蚀均为点蚀，严重时穿孔，穿孔的速度除同氯离子含量有关外，还同介质中的O_2、H_2S、CO_2及SRB的繁殖有关。

垢下腐蚀是一种综合性腐蚀。其机理是：介质中所含活性阴离子穿透垢层后吸附在金属表面，对金属表面的氧化膜产生破坏作用。破坏处成为电偶阳极，未破坏处成为阴极，于是形成电偶电池。由于阳极面积远比阴极小，故阳极电流密度很大，很快就被腐蚀成小孔。同时，腐蚀电流流向小孔周围的阴极，使这一部分受到阴极保护，继续维持着钝态，容易中的氯离子随着电流的流通，即向小孔内迁移，使小孔内形成 $FeCl_2$、$NiCl_2$、$CrCl$ 等氯化物（其浓容易可使小孔表面继续保持活化状态）。由于这是一个自催化溶解过程，小孔会进一步腐蚀加深直到穿孔。

在如氯化物 NaCl、KCl、$CaCl_2$ 中，以 $CaCl_2$ 的腐蚀作用最强，这是因为 Ca^{2+} 去极化作用最强。

当有腐蚀产物或结垢存在，且含有 O_2、H_2S、CO_2 等任何一种介质时，均可以在垢下形成电池腐蚀。以氧腐蚀为例，由于腐蚀产物的表面容易吸附许多氧原子，而氧浓度差的作用促使金属表面阴极去极化，加速金属表面的腐蚀。

4.7.5 防止套管腐蚀的方法

1）阴极保护

套管阴极保护始于 1938 年，到 20 世纪 60 年代，国外发展了区域性阴极保护技术。目前，对套管的保护深度可达 2400m，最深达 4000m。多年来得实践证明，对套管实施阴极保护，是减缓和防止其外壁腐蚀破坏的有效措施。如美国得克萨斯太阳勘探开发公司，20 年来对 2178 口井进行阴极保护，有效率达 88%。在国内，20 世纪 70 年代末 80 年代初由江汉和大庆油田分别进行了单井阴极保护试验，1985 年华北油田在留 70 断块油田开展区域阴极保护，平均有效率为 96.15%。

2）化学防腐

用化学方法除掉腐蚀介质或者改变环境性质可以达到防腐的目的，这类防腐方法包括使用缓蚀剂、杀菌剂和除氧剂。

缓蚀剂种类很多，主要可分为油溶、水溶、水分散性三种，需要根据被保护对象是油湿或水湿来选用。近年来，常用的有含磷类缓蚀剂，这类化合物是以磷为阳离子的盐水缓蚀剂，对于高腐蚀性双价金属盐水体系，其缓蚀率可达 99%。

另一类是含硫无机缓蚀剂，作为盐水缓蚀剂，近几年才发展起来。它具有高温缓蚀率高等特点，将会在盐水完井液中广泛使用。

在缺氧的情况下，套管严重腐蚀往往是由 SRB 引起的。它对套管腐蚀起了两重作用，既降低金属的氧化还原电位，同时产生腐蚀性硫化氢。高碱性钻井液也可起到抑制细菌作用。前苏联东方石油设计院等单位曾用福尔马林溶液消除 SRB 引起的腐蚀，对于油田开发初期效果较佳，但反复加药会使菌类产生一定的抗药性。而复合型缓蚀剂（缓蚀和杀菌共同作用）用于高腐蚀性污水中加量为 50~70mg/L 时，缓蚀率为 85%~97%，在高压水中加量为 400mg/L 时，即可完全抑制菌类的繁殖，在酸性介质中加量为 100~200mg/L 时，其缓蚀率为 96%~98%。

在完井液中加入还原剂氯化亚铁、氯化亚锡、肼等能有效防止套管外壁腐蚀。肼是一种强还原剂，它和氧反应生成氮和水，加入完井液中除氧非常有效，并可降低阴极保护所需电流。

3）涂层防腐

用于套管、油管涂层保护的薄膜大多数是酚类或环氧改性的酚类，在二氧化碳的注采井中，薄膜比厚度较大的涂层防腐效果要好得多，其原因是井下压力一般很高，无论涂层厚与薄二氧化碳气体都能渗透进去，当井筒压力下降时，较厚涂层内的气体不能很快逸出致使涂层起泡和剥落。而较薄的涂层容易让气体逸出，涂层不因此受伤害。较为理想的涂层厚度为 $5\sim8\mu m$，这对于涂料工艺又很高要求。厚的涂层只在低压或涂层易冲蚀的部位采用。

4）石油专用套管

抗硫套管：目前已研制和生产屈服强度大于 61.7MPa 的管材，如 C95、S95、SM95、NK-AC95S 等，可用于高温(316℃)、超高压(21MPa)的含硫油气井中。

高温高压套管：深井高温、高压和含有硫化氢、二氧化碳、氯化物条件下，应用优质奥式体和金(Ni、Co、Cr、Mo)作为套管管材，其硬度可达 51HRc。

5）低密度全返水泥

优质水泥环可对管材形成最好的保护，可防止各种外力及电化腐蚀破坏，在固井设计时尽可能全返水泥。低密度全返水泥是 84% 水泥和 16% 膨润土粉充分混合，减少压差并满足固井水泥强度。

6）用高 pH 值钻井液钻井

高 pH 值钻井液可抑制 SRB 的繁殖，减少电化学腐蚀。

7）减少与腐蚀介质的接触

在油层顶部以上下入封隔器，防止腐蚀性流体进入油套环空，比较典型的是美国贝克公司设计的 TSN-2 型可回收封隔器，其密封胶筒位于整个工具下部，当在油层顶部坐封后，绝大部分零件都处于与井下流体隔绝的油套环空中，不受腐蚀影响。

第5章 井筒完整性相关水泥石力学

油气井投产，生产过程中，不同储层改造作业（例如射孔增产、酸化处理、重油热采等）过程中井筒温度和压力的变化会影响水泥环应力的大小和分布。尤其在压裂液加压过程中会在射孔周边产生应力集中现象，在该种情况下，可能会引起水泥环丧失封隔地层和套管的作用，导致第一、第二界面胶结破坏或者引起水泥环本体结构破坏形式。因此，在分析水泥石应力时，考虑生产过程的井筒温度和压力的变化对于预测水泥环完整性和层间封隔有效性是具有重要意义的。套管/水泥环/地层复合体完整性力学机理分析模型的假设条件：

（1）套管一直保持线弹性，在井下工况下不产生屈服破坏。

（2）地层是均质各向同性且为线弹性，在钻井等施工过程中井壁保持稳定，且井壁呈光滑的圆柱体。

（3）注水泥过程完好，界面环空无间隙，水泥凝结过程中体积不发生变化，且套管/水泥环、水泥环/地层两界面在施加井筒载荷之前胶结良好。

（4）井筒载荷作用中套管/水泥环/地层复合体保持平衡，不考虑动态效应的影响。

（5）水泥浆完全凝结成水泥环后，地应力完全加载在水泥环上。

5.1 均匀地应力作用下套管/水泥环/地层复合体力学模型

5.1.1 复合体系统力学模型建立

目前，国内大部分早期油田都已经进入开发末期，随长时间的开发，地应力的非均匀性逐渐地降低，井眼更多受均匀地应力的作用。研究分析复合体在均匀地应力条件下的应力分布极为重要。

由于套管/水泥环/地层系统力学模型呈轴对称，因此可以使用极坐标系来对其进行相关描述、力学分析；忽略地应力在轴向上的不同，该工况设定为平面应变问题。其中，相关的变量包括：径向位移、径向应力、周向应力以及剪切应力（图5-1）。

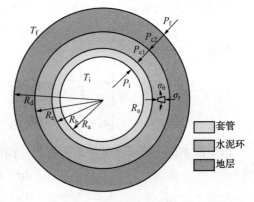

图5-1 均匀地应力作用下复合体系统分析模型

其中，套管内表面承受着由于井筒流体引起的井筒温度和压力升高而产生的径向作用应力；外部地层岩石外表面承受地应力的作用；中间部位是最为关注的水泥环，它内外表面受力情况综合考虑套管以及底层的影响。

力学分析时，井筒内温度为 T_i，地温保持 T_f 不变。假设套管的导热性良好，且套管内外表面之间的热损失可忽略不计，因此套管外表面的温度也为 T_i。在整个固结系统中，沿着水泥环径向的温度分布为：

$$T = T_i - (T_i - T_f)\frac{\ln(R/R_b)}{\ln(R_c/R_b)}$$

式中　R——水泥环上距离井筒中心的距离；

　　　R_b——水泥环内表面半径；

　　　R_c——水泥环外表面半径。

根据相关理论，存在以下线性关系：

$$\begin{cases} \varepsilon_r = \dfrac{1}{E}[\sigma_r - \mu(\sigma_\theta + \sigma_z)] + \alpha T \\[2mm] \varepsilon_\theta = \dfrac{1}{E}[\sigma_\theta - \mu(\sigma_r + \sigma_z)] + \alpha T \\[2mm] \varepsilon_z = \dfrac{1}{E}[\sigma_z - \mu(\sigma_r + \sigma_\theta)] + \alpha T \end{cases}$$

式中　α——材料的热膨胀系数；

　　　E——材料的弹性模量；

　　　μ——材料的泊松比；

　　　ε_r——厚壁筒径向应变；

　　　ε_θ——厚壁筒周向应变；

　　　ε_z——厚壁筒轴向应变；

　　　σ_r——厚壁筒径向应力；

　　　σ_θ——厚壁筒周向应力；

　　　σ_z——厚壁筒轴向应力。

平面应变问题假设中，z 方向的应变量为 0，因此，$\varepsilon_z = 0$。

$$\sigma_z = \mu(\sigma_r + \sigma_\theta) - \alpha ET$$

可得：

$$\begin{cases} \varepsilon_r = \dfrac{1}{E}[(1-\mu^2)\sigma_r - (\mu+\mu^2)\sigma_\theta + (1+\mu)\alpha ET] \\[2mm] \varepsilon_\theta = \dfrac{1}{E}[(1-\mu^2)\sigma_\theta - (\mu+\mu^2)\sigma_r + (1+\mu)\alpha ET] \end{cases}$$

以上即为该工况所满足的本构方程。同时，应力必须满足以下平衡关系：

$$\frac{d\sigma_r}{dr} + \frac{\sigma_r - \sigma_\theta}{r} = 0$$

则有：

$$\begin{cases} \sigma_r = \dfrac{E}{(1+\mu)(1-2\mu)}[(1-\mu)\varepsilon_r + \mu\varepsilon_\theta - (1+\mu)\alpha T] \\[2mm] \sigma_\theta = \dfrac{E}{(1+\mu)(1-2\mu)}[(1-\mu)\varepsilon_\theta + \mu\varepsilon_r - (1+\mu)\alpha T] \end{cases}$$

可得：

$$\frac{1}{r}(1-2\mu)(\varepsilon_r-\varepsilon_\theta)+(1-\mu)\frac{d\varepsilon_r}{dr}+\mu\frac{d\varepsilon_\theta}{dr}-\alpha(1+\mu)\frac{dT}{dr}=0$$

根据径向位移与径向应变、周向应变之间的几何方程：

$$\begin{cases}\varepsilon_r=\dfrac{d\delta}{dr}\\[2mm]\varepsilon_\theta=\dfrac{\delta}{r}\end{cases}$$

式中 δ——厚壁筒径向位移。

可以推出：

$$\frac{d}{dr}\left[\frac{1}{r}\frac{d(r\delta)}{dr}\right]=\alpha\frac{1+\mu}{1-\mu}\frac{dT}{dr}$$

进行积分运算，可以得到厚壁筒径向位移：

$$\delta(r)=\alpha\frac{1+\mu}{1-\mu}\frac{1}{r}\int_{r_i}^r Trdr+C_1r+\frac{C_2}{r}$$

式中 r_i——厚壁筒内表面半径；

C_1、C_2——积分常数。

可得：

$$\begin{cases}\varepsilon_r=\dfrac{d\delta}{dr}=\alpha\dfrac{1+\mu}{1-\mu}\left(T-\dfrac{1}{r^2}\int_{r_i}^r Trdr\right)+C_1-\dfrac{C_2}{r^2}\\[3mm]\varepsilon_\theta=\dfrac{\delta}{r}=\alpha\dfrac{1+\mu}{1-\mu}\dfrac{1}{r^2}\int_{r_i}^r Trdr+C_1+\dfrac{C_2}{r^2}\end{cases}$$

进而得到：

$$\begin{cases}\sigma_r=\dfrac{E}{1+\mu}\left[-\alpha\dfrac{1+\mu}{1-\mu}\dfrac{1}{r^2}\int_{r_i}^r Trdr+\dfrac{C_1}{1-2\mu}-\dfrac{C_2}{r^2}\right]\\[3mm]\sigma_\theta=\dfrac{E}{1+\mu}\left[\alpha\dfrac{1+\mu}{1-\mu}\dfrac{1}{r^2}\int_{r_i}^r Trdr+\dfrac{C_1}{1-2\mu}+\dfrac{C_2}{r^2}-\alpha\dfrac{1+\mu}{1-\mu}T\right]\end{cases}$$

结合相关应力、应变边界条件，即可以确定积分常数 C_1、C_2 的准确值。同时，也可以确定套管、水泥环以及底层的径向位移。

关于套管，套管外表面由于受到井筒内液体压力以及井筒温度的影响，满足：

$$\begin{cases}\sigma_r=-p\\[2mm]\sigma_\theta=\dfrac{p\bar r}{t}\end{cases}$$

其中，$p=p_i-p_{c1}$，套管平均半径为 $\bar r=\dfrac{R_a+R_b}{2}$。

式中 p_i——套管内压；

p_{c1}——套管/水泥环界面压力；

R_a——套管内半径；

R_b——套管外半径；

t——套管厚度。

套管外表面径向位移为：

$$\delta_{r=R_b}^{casing} = \frac{R_b(P_i - P_{c1})}{E_s}\left[\frac{\bar{r}}{t}(1-\mu_s^2) + (\mu_s + \mu_s^2)\right] + (1+\mu_s)R_b\alpha_s T$$

式中　E_s、μ_s、α_s——套管弹性模量、泊松比以及热膨胀系数。

关于水泥环，水泥环由于受到套管和地层的共同作用，以及温度的影响，满足：

$$\begin{cases} \sigma_r = \dfrac{P_{c1}R_b^2}{R_c^2-R_b^2}\left(1-\dfrac{R_c^2}{r^2}\right) - \dfrac{P_{c2}R_c^2}{R_c^2-R_b^2}\left(1-\dfrac{R_b^2}{r^2}\right) \\[3mm] \sigma_\theta = \dfrac{P_{c1}R_b^2}{R_c^2-R_b^2}\left(1+\dfrac{R_c^2}{r^2}\right) - \dfrac{P_{c2}R_c^2}{R_c^2-R_b^2}\left(1+\dfrac{R_b^2}{r^2}\right) \end{cases}$$

式中　p_{c2}——水泥环/地层界面压力；

　　　R_c——水泥环外半径。

在水泥环的内表面上，满足 $r = R_b$，此时：

$$\begin{cases} \sigma_r = -P_{c1} \\[3mm] \sigma_\theta = P_{c1}\left(\dfrac{R_c^2+R_b^2}{R_c^2-R_b^2}\right) - P_{c2}\left(\dfrac{2R_c^2}{R_c^2-R_b^2}\right) \end{cases}$$

水泥环内表面径向位移为：

$$\delta_{r=R_b}^{cement} = \frac{R_b}{E_c}\left\{(1-\mu_c^2)\left[P_{c1}\left(\frac{R_c^2+R_b^2}{R_c^2-R_b^2}\right) - P_{c2}\left(\frac{2R_c^2}{R_c^2-R_b^2}\right)\right] + P_{c1}(\mu_c+\mu_c^2)\right\} + (1+\mu_c)R_b\alpha_c T$$

式中　E_c、μ_c、α_c——套管弹性模量、泊松比以及热膨胀系数。

在水泥环的外表面上，满足 $r = R_c$，此时：

$$\begin{cases} \sigma_r = -P_{c2} \\[3mm] \sigma_\theta = P_{c1}\left(\dfrac{2R_b^2}{R_c^2-R_b^2}\right) - P_{c2}\left(\dfrac{R_c^2+R_b^2}{R_c^2-R_b^2}\right) \end{cases}$$

水泥环外表面径向位移为：

$$\delta_{r=R_c}^{cement} = \frac{R_c}{E_c}\left\{(1-\mu_c^2)\left[P_{c1}\left(\frac{2R_b^2}{R_c^2-R_b^2}\right) - P_{c2}\left(\frac{R_c^2+R_b^2}{R_c^2-R_b^2}\right)\right] + P_{c2}(\mu_c+\mu_c^2)\right\} + (1+\mu_c)R_c\alpha_c T$$

关于地层，地层由于受到二界面压力和地应力的共同作用，以及温度的作用。在地层内表面上，满足 $r = R_c$，此时：

$$\begin{cases} \sigma_r = -P_{c2} \\[3mm] \sigma_\theta = P_{c2}\left(\dfrac{R_d^2+R_c^2}{R_d^2-R_c^2}\right) - P_f\left(\dfrac{2R_d^2}{R_d^2-R_c^2}\right) \end{cases}$$

地层内表面径向位移为：

$$\delta_{r=R_c}^{formation} = \frac{R_c}{E_f}\left\{(1-\mu_f^2)\left[P_{c2}\left(\frac{R_d^2+R_c^2}{R_d^2-R_c^2}\right) - P_f\left(\frac{2R_d^2}{R_d^2-R_c^2}\right)\right] + P_{c2}(\mu_f+\mu_f^2)\right\} + (1+\mu_f)R_c\alpha_f T$$

式中　E_f、μ_f、α_f——套管弹性模量、泊松比以及热膨胀系数。

在水泥环胶结良好的情况下，套管、水泥环以及地层径向变形处于连续状态，则其径向位移应该满足：

$$\begin{cases} \delta_{r=R_b}^{casing} = \delta_{r=R_b}^{cement} \\ \delta_{r=R_c}^{cement} = \delta_{r=R_c}^{formation} \end{cases}$$

可以得到套管/水泥环、水泥环/地层两界面的接触压力分别为：

$$\begin{cases} P_{c1} = \dfrac{FB-KC}{DB-AK} \\ P_{c2} = \dfrac{C-P_{c1}A}{B} \end{cases}$$

式中，

$$A = \frac{R_b}{E_c}\left[\left(1-\mu_c^2\right)\left(\frac{R_c^2+R_b^2}{R_c^2-R_b^2}\right)+\left(\mu_c+\mu_c^2\right)\right]+\frac{R_b}{E_s}\left[\frac{\bar{r}}{t}\left(1-\mu_s^2\right)+\left(\mu_s+\mu_s^2\right)\right]$$

$$B = \frac{R_b}{E_c}\left(\frac{2R_c^2}{R_c^2-R_b^2}\right)\left(\mu_c^2-1\right)$$

$$C = \frac{P_i R_a}{E_s}\left[\frac{\bar{r}}{t}\left(1-\mu_s^2\right)+\left(\mu_s+\mu_s^2\right)\right]+\left(1+\mu_s\right)R_b\alpha_s T-\left(1+\mu_c\right)R_b\alpha_c T$$

$$D = \frac{R_c}{E_c}\left(\frac{2R_b^2}{R_c^2-R_b^2}\right)\left(\mu_c^2-1\right)$$

$$K = \frac{R_c}{E_f}\left[\left(1-\mu_f^2\right)\left(\frac{R_d^2+R_c^2}{R_d^2-R_c^2}\right)+\left(\mu_f+\mu_f^2\right)\right]+\frac{R_c}{E_c}\left[\left(1-\mu_c^2\right)\left(\frac{R_b^2+R_c^2}{R_c^2-R_b^2}\right)+\left(\mu_c+\mu_c^2\right)\right]$$

$$F = \frac{P_f R_c}{E_f}\frac{2R_d^2}{R_d^2-R_c^2}\left(1-\mu_f^2\right)+\left(1+\mu_c\right)R_c\alpha_c T-\left(1+\mu_f\right)R_c\alpha_f T$$

从而求得水泥环上的径向、周向、轴向应力以及最大剪应力，如下所示：

$$\begin{cases} \sigma_r^{cement} = P_{c1}\frac{R_b^2}{R_c^2-R_b^2}\left(1-\frac{R_c^2}{r^2}\right)-P_{c2}\frac{R_c^2}{R_c^2-R_b^2}\left(1-\frac{R_b^2}{r^2}\right) \\[4mm] \sigma_\theta^{cement} = P_{c1}\frac{R_b^2}{R_c^2-R_b^2}\left(1+\frac{R_c^2}{r^2}\right)-P_{c2}\frac{R_c^2}{R_c^2-R_b^2}\left(1+\frac{R_b^2}{r^2}\right) \\[4mm] \sigma_z^{cement} = \mu_c\left(\sigma_r^{cement}+\sigma_\theta^{cement}\right)-\alpha_c E_c T \\[4mm] \tau_{max} = \frac{\left(P_{c1}-P_{c2}\right)R_b^2 R_c^2}{R_c^2-R_b^2}\frac{1}{r^2} \end{cases}$$

5.1.2 油气井固井水泥环破坏分析软件开发

通过调研国内外套管/水泥环/地层完整性研究相关文献以及开展大量的水泥石力学特性实验，综合考虑复合体(力学、几何特征)及相应工况条件，计算水泥环在内外压力作用条件下的应力分布情况，然后依据水泥环和岩石的拉伸，剪切破坏准则来评价相应工况下水泥环的力学完整性。

为了充分地研究均匀地应力条件下水泥环完整性，将水泥环完整性的问题进行了合理的简化，编制了"油气井固井水泥环破坏分析软件"。该软件主要实现以下功能：水泥石力学特征数据管理，单层水泥环完整性破坏计算，全井段水泥环完整性破坏风险预测，保证水泥环完整性力学性能优化(图 5-2)。

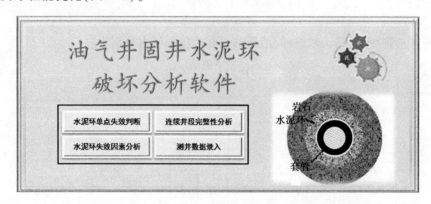

图 5-2　软件初始界面

1) 水泥环单点失效判断

首先在如系统基础数据录入窗口，输入井眼基础数据、套管基础数据、水泥环基础数据和地层基础数据。为了简化整个基础数据录入过程，在查阅大量国标的基础上建立了比较完善的套管数据库，使得整个套管数据的输入过程大大简化(图 5-3)。然后，点击基础数据录入界面右下端"计算"和"水泥环危险界面判断"按钮。分别计算出第一、第二界面的应力条件。

图 5-3　软件系统录入数据界面

考虑水泥环的破坏形式，在水泥环完整性分析软件中，选择最大拉应力准则来判断水泥环是否发生拉伸破坏，选择 Mohr-Coulomb 准则来判断水泥环发生剪切破坏。

最大拉应力准则：当井筒压力增加到某值时，水泥环的周向应力会在该条件下转变为拉应力，而在水泥环内部某一点最大拉应力达到抗拉强度，水泥环发生断裂。

莫尔-库伦准则：在地应力和井筒压力等因素的作用下，通过弹性力学厚壁筒理论，可以求得水泥环的应力状态，而当水泥环内部某位置的剪应力超过固有剪切强度(内聚力或黏聚力)加上作用于该位置的摩擦力，水泥石即发生剪切破坏(图 5-4)。

2) 连续井段破坏分析

根据测井数据将井筒分为若干小层，小层基础数据连续输入，采用单点水泥环应变分析流程，持续循环判断，建立失效风险等级判断因子，连续判断相应井段水泥环的失效状况。

在输入测井数据之后，点击"连续井段计算"按钮，判断连续井段水泥环是否发生拉伸破坏和剪切破坏。

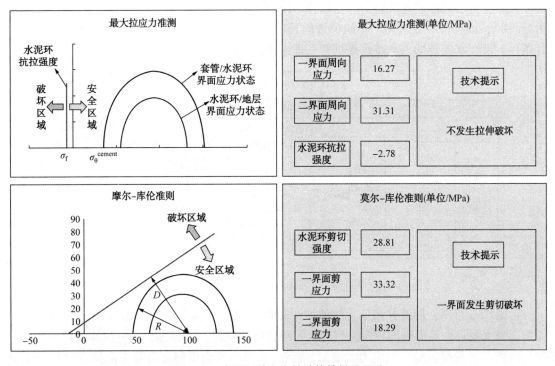

图 5-4　水泥环单点失效计算结果及显示

说明：图 5-5(a)中线和图 5-5(b)中线分别为剪切破坏指数和拉伸破坏指数，经过归一化处理。当指数处于绿色区域，水泥环安全；当指数处于红色区域，水泥环发生破坏(图 5-5)。

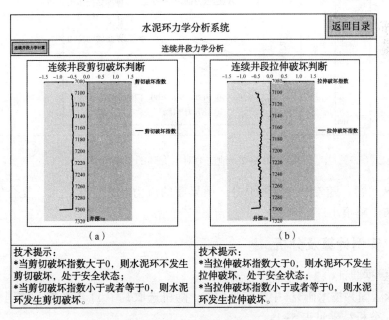

图 5-5　连续井段水泥环失效破坏结果显示

3）水泥环失效因素分析

点击软件初始界面的"水泥环失效因素分析"，进入该页面。该模块主要分析井筒、地层以及温度对水泥环破坏的影响。分别将地应力、井筒压力以及温度数据输入相应位置，点击"绘图"，即可得等到水泥环不同位置的径向应力和周向应力的变化规律，从而为不同实际条件下设计水泥环的力学特性提供有利理论依据（图5-6）。

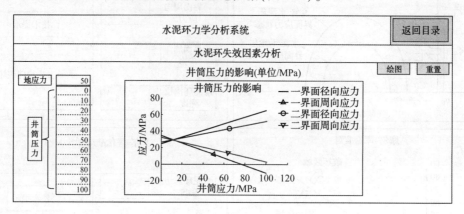

图5-6　井筒压力对水泥环的影响

由图5-6可得：随着井筒压力的增加，套管/水泥环界面周向应力首先由压应力变为拉应力，当水泥环一界面周向拉应力超过水泥环的抗拉强度，一界面会发生拉伸破坏。

由图5-7可得：随着地应力的增加，套管/水泥环界面周向应力首先由拉应力变为压应力，可以减小界面发生拉伸破坏的风险。

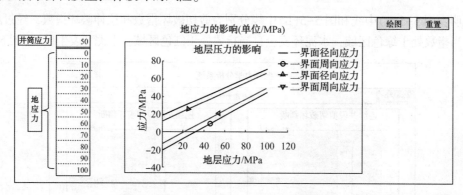

图5-7　地应力对水泥环的影响

由图5-8可得：随着温度差的上升，两界面的应力状态变化不大，复合体温差对水泥环的应力分布影响很小。

5.1.3　实例计算及分析

1）实验数据验证

根据《××区固井技术研究》中的实验数据，随机选取其中11组数据，使用水泥环破坏预测软件分析，分析结果见表5-1：

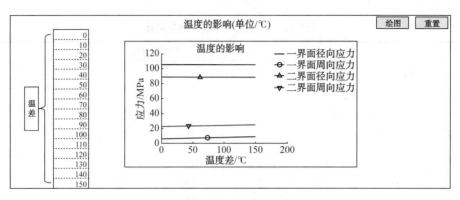

图 5-8 温度对水泥环的影响

表 5-1 水泥石单轴及三轴强度实验数据

序 号	配 方	编 号	密度/ (g/cm³)	抗压强度/ MPa	弹性模量/ GPa	泊松比	强度参数
1		1-1	2.1	35.58	7.27	0.14	
2	一	1-2	2.2	39.83	6.83	0.17	黏聚力：15.8MPa 内摩擦角：6.7°
3		1-3	2.1	34.82	6.17	0.22	
4		2-1	2.3	23.74	6.01	0.09	
5	二	2-2	2.2	26.98	6.51	0.18	黏聚力：9.3MPa 内摩擦角：14.1°
6		2-3	2.1	21.04	4.98	0.14	
7		3-1	2.2	27.04	7.32	0.13	
8	三	3-2	2.3	31.95	6.57	0.18	黏聚力：7.4MPa 内摩擦角：26.6°
9		3-3	2.1	27.50	6.00	0.18	

将软件分析、实验结果进行对比(图 5-9、表 5-2)：

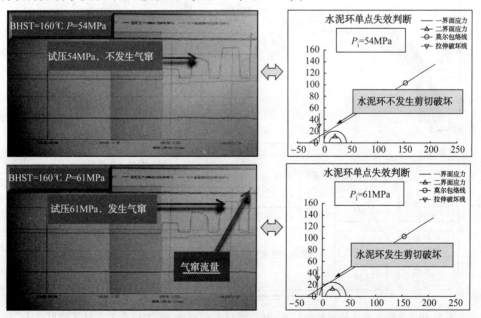

图 5-9 配方一体系压力变化对水泥环的影响

表 5-2 实验结果与软件结果对比

编　号		试压值/MPa					
		47		54		61	
		实验	软件	实验	软件	实验	软件
1	1-1	良好	良好	良好	良好	良好	失效
	1-2	良好	良好	良好	良好	失效	失效
	1-3	良好	良好	良好	良好	良好	失效
2	2-1	良好	良好	良好	良好	失效	失效
	2-2	良好	良好	良好	良好	失效	失效
	2-3	良好	良好	良好	良好	失效	失效
3	3-1	良好	良好	失效	良好	良好	失效
	3-2	良好	良好	良好	良好	良好	失效
	3-3	良好	良好	良好	良好	失效	失效

　　与室内水泥环完整性模拟结果相比,预测误差小于 18.5%。其中 4 组结果中的差别仅仅是当试压值为 61MPa 时,软件计算结果均显示水泥环破坏,可知软件分析趋于保守,对于相应工况安全更加有利。同时,考虑试验数据自身测量的误差,认为水泥环完整性分析软件可以用于实际工况的预测分析。

　　2) 实际工况验证一

　　为了进行水泥环完整性分析软件与哈利波顿公司的 WellLife® Analysis-Software Design Tool 的实例对比,根据相关文献数据(文献根据地层/水泥环/套管三者之间的作用,制定了一系列程序来评估水泥环破坏的风险级别,使用的数据是其中压裂环节的压力和温度)进行软件计算并且与实际工况对比(表 5-3、图 5-10)。

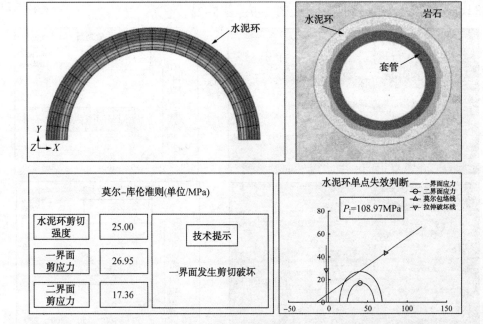

图 5-10　水泥环破坏分析软件与 WellLife® Analysis-Software Design Tool 计算结果对比

表 5-3　复合体系统参数

项目	弹性模量/GPa	泊松比	密度/(g/cm³)	抗拉强度/MPa	内聚力/MPa	内摩擦角/(°)
套管	190	0.3	7.8	—	—	—
水泥环	8.27	0.216	1.965	2.78	7.4	26.6
地层	28.89	0.3	2.56	6.01	15	30.3

根据对 WellLife® Analysis-Software Design Tool 软件以及水泥环完整性分析软件计算对比可知，水泥环在 108.97MPa 的井筒压力作用下发生剪切坍塌破坏，结果一致，本软件可用于实际工况预测分析使用。

5.2　非均匀地应力作用下复合体系统力学模型

5.2.1　非均匀地应力作用下复合体系统力学模型建立

目前，国内大部分油井在投产初期会承受非均匀地应力的影响，套管和水泥环自身完整性会大大受影响。分析非均匀的应力条件下，复合体的力学机理极为重要。

假设其为平面应变问题。设套管、水泥环、地层的内半径分别为 R_a、R_b 和 R_c，地层的外半径为 R_d，在一般情况下，水平最大主应力为 σ_H 和水平最小主应力为 σ_h，取最大主应力方向为 X 轴方向。井筒和地层温度仍然为 T_i、T_f（图 5-11）。

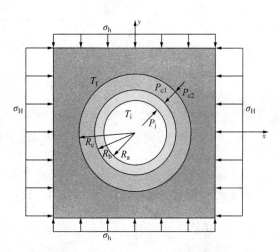

图 5-11　非均匀的应力作用下复合体系统分析模型

如图 5-11 所示，根据弹性力学相似问题求解经验，可设非均匀地层应力作用下套管-水泥石环-围岩系统的 Ariy′s 应力函数为：

$$\varphi = C_1 + C_2 \ln r + C_3 r^2 + C_4 r^2 \ln r + \left(C_5 r^2 + C_6 r^4 + \frac{C_7}{r^2} + C_8 \right) \cos 2\theta \tag{5-1}$$

由弹性力学理论，在极坐标系中，径向应力 σ_r、环向应力 σ_θ 和剪切应力 $\tau_{r\theta}$ 为：

$$\begin{cases} \sigma_r = \dfrac{1}{r} \dfrac{\partial \varphi}{\partial r} + \dfrac{1}{r^2} \dfrac{\partial^2 \varphi}{\partial \theta^2} \\[2mm] \sigma_\theta = \dfrac{\partial^2 \varphi}{\partial r^2} \\[2mm] \tau_{r\theta} = -\dfrac{\partial}{\partial r}\left(\dfrac{1}{r} \dfrac{\partial \varphi}{\partial \theta} \right) \end{cases} \tag{5-2}$$

将应力函数代入式(5-2)所示应力分量表达式中，得到套管、水泥石环和围岩的径向应力、环向应力和剪切应力分量表达式为：

$$
\begin{cases}
\sigma_{r_i} = \dfrac{C_2^i}{r_2} + 2C_3^i - \left(2C_5^i + \dfrac{6C_7^i}{r^4} + \dfrac{4C_8^i}{r^2}\right)\cos2\theta \\[3mm]
\sigma_{\theta_i} = -\dfrac{C_2^i}{r_2} + 2C_3^i + \left(2C_5^i + \dfrac{6C_7^i}{r^4} + 12C_6^i r^2\right)\cos2\theta \\[3mm]
\tau_{r\theta_i} = \left(2C_5^i + 6C_6^i r^2 - \dfrac{6C_7^i}{r^4} - \dfrac{2C_8^i}{r^2}\right)\sin2\theta
\end{cases}
\tag{5-3}
$$

式中，$i=1$，2，3 分别代表套管、水泥石环、围岩的角标；C_2^i、C_3^i、C_5^i、C_6^i、C_7^i、C_8^i 分别代表套管、水泥石环及围岩中各应力分量的待定常数。这些待定常数由套管-水泥石环-地层系统中载荷参数、弹性参数、几何参数及边界条件等定解条件确定。

在套管内壁，$r=r_1=\dfrac{d_1}{2}$ 处，有如下边界条件：

$$
\begin{cases}
(\sigma_{r_1})_{r=r_1} = -p_i \\[2mm]
(\tau_{r\theta_1})_{r=r_1} = 0
\end{cases}
\tag{5-4}
$$

在套管外壁，$r=r_2=\dfrac{D_1}{2}$ 处，有如下边界条件：

$$
\begin{cases}
(\sigma_{r_1})_{r=r_2} = (\sigma_{r_2})_{r=r_2} \\[2mm]
(\tau_{r\theta_1})_{r=r_2} = (\tau_{r\theta_2})_{r=r_2} \\[2mm]
(U_{r_1})_{r=r_2} = (U_{r_2})_{r=r_2} \\[2mm]
(U_{\theta_1})_{r=r_2} = (U_{\theta_2})_{r=r_2}
\end{cases}
\tag{5-5}
$$

在水泥石环外壁或井眼内壁，$r=r_3=\dfrac{D_2}{2}$ 处，有如下边界条件：

$$
\begin{cases}
(\sigma_{r_2})_{r=r_3} = (\sigma_{r_3})_{r=r_3} \\[2mm]
(\tau_{r\theta_2})_{r=r_3} = (\tau_{r\theta_3})_{r=r_3} \\[2mm]
(U_{r_2})_{r=r_3} = (U_{r_3})_{r=r_3} \\[2mm]
(U_{\theta_2})_{r=r_3} = (U_{\theta_3})_{r=r_3}
\end{cases}
\tag{5-6}
$$

在围岩边界，$r=r_4=\dfrac{D_3}{2}$ 处，有如下边界条件：

$$
\begin{cases}
(\sigma_{r_3})_{r=r_4,\theta=0} = -\sigma_x \\[2mm]
(\sigma_{r_3})_{r=r_4,\theta=\frac{\pi}{2}} = -\sigma_y \\[2mm]
(\tau_{r\theta_3})_{r=r_4} = 0
\end{cases}
\tag{5-7}
$$

根据弹性力学理论与实践，根据边界条件及单值条件等定解条件，可以确定式(5-3)中的待定常数。

根据弹性力学理论，根据 Ariy's 应力函数可以导出位移分量 U_{r_i} 和 U_{θ_i} 的表达式。在极坐标中，径向应变 ε_{r_i}、环向应变 ε_{θ_i} 和扭转应变 $\gamma_{r\theta}$ 的几何方程为：

$$\begin{cases} \varepsilon_{r_i} = \dfrac{\partial U_{r_i}}{\partial r} \\[2mm] \varepsilon_{\theta_i} = \dfrac{U_{r_i}}{r} + \dfrac{1}{r}\dfrac{\partial U_{\theta_i}}{\partial \theta} \\[2mm] \gamma_{r\theta_i} = \dfrac{1}{r}\dfrac{\partial U_{r_i}}{\partial \theta} + \dfrac{\partial U_{\theta_i}}{\partial r} - \dfrac{U_{\theta_i}}{r} \end{cases} \tag{5-8}$$

在径向应力、环向应力及剪切应力作用下，在极坐标系统中，平面应变的物理方程为：

$$\begin{cases} \varepsilon_{r_i} = \dfrac{1+u_i}{E_i}\left[(1-u_i)\sigma_{r_i} - u_i\sigma_{\theta_i}\right] \\[2mm] \varepsilon_{\theta_i} = \dfrac{1+u_i}{E_i}\left[(1-u_i)\sigma_{\theta_i} - u_i\sigma_{r_i}\right] \\[2mm] \gamma_{r\theta_i} = \dfrac{1}{G_i}\tau_{r\theta_i} = \dfrac{2(1+u_i)}{E_i}\tau_{r\theta_i} \end{cases} \tag{5-9}$$

将式(5-3)所示应力分量代入物理方程(5-9)，可以得到：

$$\begin{cases} \varepsilon_{r_i} = \dfrac{1+u_i}{E_i}\left\{\left[\dfrac{C_2^i}{r^2}+2(1-2\mu_i)C_3^i\right]-2\left[C_5^i+6\mu_i C_6^i r^2+\dfrac{3C_7^i}{r^4}+\dfrac{2(1-\mu_i)C_8^i}{r^2}\right]\cos 2\theta\right\} \\[3mm] \varepsilon_{\theta_i} = \dfrac{1+u_i}{E_i}\left\{\left[-\dfrac{C_2^i}{r^2}+2(1-2\mu_i)C_3^i\right]+2\left[C_5^i+6(1-\mu_i)C_6^i r^2+\dfrac{3C_7^i}{r^4}+\dfrac{2\mu_i C_8^i}{r^2}\right]\cos 2\theta\right\} \\[3mm] \gamma_{r\theta_i} = \dfrac{4(1+u_i)}{E_i}\left(C_5^i+3C_6^i r^2-\dfrac{3C_7^i}{r^4}-\dfrac{C_8^i}{r^2}\right)\sin 2\theta \end{cases} \tag{5-10}$$

将式(5-10)代入几何方程(5-8)，可以得到：

$$\begin{cases} \dfrac{\partial U_{r_i}}{\partial r} = \dfrac{1+u_i}{E_i}\left\{\left[\dfrac{C_2^i}{r^2}+2(1-2\mu_i)C_3^i\right]-2\left[C_5^i+6\mu_i C_6^i r^2+\dfrac{3C_7^i}{r^4}+\dfrac{2(1-\mu_i)C_8^i}{r^2}\right]\cos 2\theta\right\} \\[3mm] \dfrac{U_{r_i}}{r}+\dfrac{1}{r}\dfrac{\partial U_{\theta_i}}{\partial \theta} = \dfrac{1+u_i}{E_i}\left\{\left[-\dfrac{C_2^i}{r^2}+2(1-2\mu_i)C_3^i\right]+2\left[C_5^i+6(1-\mu_i)C_6^i r^2+\dfrac{3C_7^i}{r^4}+\dfrac{2\mu_i C_8^i}{r^2}\right]\cos 2\theta\right\} \\[3mm] \dfrac{1}{r}\dfrac{\partial U_{r_i}}{\partial \theta}+\dfrac{\partial U_{\theta_i}}{\partial r}-\dfrac{U_{\theta_i}}{r} = \dfrac{4(1+u_i)}{E_i}\left(C_5^i+3C_6^i r^2-\dfrac{3C_7^i}{r^4}-\dfrac{C_8^i}{r^2}\right)\sin 2\theta \end{cases}$$

$$\tag{5-11}$$

对式(5-11)中的第一式进行积分，得到下式：

$$U_{r_i} = \dfrac{1+u_i}{E_i}\left\{\left[-\dfrac{C_2^i}{r}+2(1-2\mu_i)C_3^i r\right]-2\left[C_5^i r+2\mu_i C_6^i r^3-\dfrac{C_7^i}{r^3}-\dfrac{2(1-\mu_i)C_8^i}{r}\right]\cos 2\theta\right\}+f(\theta) \tag{5-12}$$

式中，$f(\theta)$是θ的单值函数。

由式(5-11)中的第二式得到下式：

$$\dfrac{\partial U_{\theta_i}}{\partial \theta} = \dfrac{r(1+u_i)}{E_i}\left\{\left[-\dfrac{C_2^i}{r^2}+2(1-2\mu_i)C_3^i\right]+2\left[C_5^i+6(1-\mu_i)C_6^i r^2+\dfrac{3C_7^i}{r^4}+\dfrac{2\mu_i C_8^i}{r^2}\right]\cos 2\theta\right\}-U_{r_i} \tag{5-13}$$

将式(5-12)代入式(5-13)，可以得到：

$$\frac{\partial U_{\theta_i}}{\partial \theta} = \frac{4(1+u_i)}{E_i}\left[C_5^i r + (3-2\mu_i)C_6^i r^3 + \frac{C_7^i}{r^3} + \frac{(2\mu_i-1)C_8^i}{r}\right]\cos 2\theta - f(\theta) \tag{5-14}$$

对式(5-14)进行积分，可以得到：

$$U_{\theta_i} = \frac{2(1+u_i)}{E_i}\left[C_5^i r + (3-2\mu_i)C_6^i r^3 + \frac{C_7^i}{r^3} + \frac{(2\mu_i-1)C_8^i}{r}\right]\sin 2\theta$$
$$- \int f(\theta)\,\mathrm{d}\theta + g(r) \tag{5-15}$$

式中，$g(r)$ 是 r 的单值函数。

则可以得到：

$$\frac{\mathrm{d}f(\theta)}{\mathrm{d}\theta} + \int f(\theta)\,\mathrm{d}\theta = g(r) - r\frac{\mathrm{d}g(r)}{\mathrm{d}r} \tag{5-16}$$

从式(5-16)中可以看出，方程右边只是极坐标 r 的函数，而方程左边却只是极坐标 θ 的函数。根据代数理论，要使等式(5-16)成立，两边必须等于同一常数 C。于是有：

$$\begin{cases} \dfrac{\mathrm{d}f(\theta)}{\mathrm{d}\theta} + \displaystyle\int f(\theta)\,\mathrm{d}\theta = C \\[3mm] g(r) - r\dfrac{\mathrm{d}g(r)}{\mathrm{d}r} = C \end{cases} \tag{5-17}$$

由式(5-17)解出：

$$\begin{cases} f(\theta) = C_1\cos\theta + C_2\sin\theta \\ g(r) = C_3 r + C_4 \end{cases} \tag{5-18}$$

式中，C_1、C_2、C_3、C_4 为常数，在固体力学中，表示刚体位移。对于非均匀载荷下套管-水泥石环-地层的围压与应力分析问题，刚体运动不影响载荷传递与应力分布规律，因此，可忽略这些常数。因此，式(5-12)和式(5-15)就可以分别写为：

$$U_{r_i} = \frac{1+u_i}{E_i}\left\{\left[-\frac{C_2^i}{r} + 2(1-2\mu_i)C_3^i r\right] - 2\left[C_5^i r + 2\mu_i C_6^i r^3 - \frac{C_7^i}{r^3} - \frac{2(1-\mu_i)C_8^i}{r}\right]\cos 2\theta\right\} \tag{5-19}$$

$$U_{\theta_i} = \frac{2(1+u_i)}{E_i}\left[C_5^i r + (3-2\mu_i)C_6^i r^3 + \frac{C_7^i}{r^3} + \frac{(2\mu_i-1)C_8^i}{r}\right]\sin 2\theta \tag{5-20}$$

将应力分量和边界条件联立，得到复合体综合控制方程，由这些控制方程组可以确定应力函数(5-3)中的待定常数。

$$\frac{C_2^1}{r_1^2} + 2C_3^1 - \left(2C_5^1 + \frac{6C_7^1}{r_1^4} + \frac{4C_8^1}{r_1^2}\right)\cos 2\theta = -p_i \tag{5-21}$$

$$2C_5^1 + 6C_6^1 r_1^2 - \frac{6C_7^1}{r_1^4} - \frac{2C_8^1}{r_1^2} = 0 \tag{5-22}$$

$$\frac{C_2^1}{r_2^2} + 2C_3^1 - \left(2C_5^1 + \frac{6C_7^1}{r_2^4} + \frac{4C_8^1}{r_2^2}\right)\cos 2\theta = \frac{C_2^2}{r_2^2} + 2C_3^2 - \left(2C_5^2 + \frac{6C_7^2}{r_2^4} + \frac{4C_8^2}{r_2^2}\right)\cos 2\theta \tag{5-23}$$

$$\left(2C_5^1 + 6C_6^1 r_2^2 - \frac{6C_7^1}{r_2^4} - \frac{2C_8^1}{r_2^2}\right)\sin 2\theta = \left(2C_5^2 + 6C_6^2 r_2^2 - \frac{6C_7^2}{r_2^4} - \frac{2C_8^2}{r_2^2}\right)\sin 2\theta \tag{5-24}$$

$$\frac{C_2^2}{r_3^2}+2C_3^2-\left(2C_5^2+\frac{6C_7^2}{r_3^4}+\frac{4C_8^2}{r_3^2}\right)\cos2\theta=\frac{C_2^3}{r_3^2}+2C_3^3-\left(2C_5^3+\frac{6C_7^3}{r_3^4}+\frac{4C_8^3}{r_3^2}\right)\cos2\theta \tag{5-25}$$

$$\left(2C_5^2+6C_6^2r_3^2-\frac{6C_7^2}{r_3^4}-\frac{2C_8^2}{r_3^2}\right)\sin2\theta=\left(2C_5^3+6C_6^3r_3^2-\frac{6C_7^3}{r_3^4}-\frac{2C_8^3}{r_3^2}\right)\sin2\theta \tag{5-26}$$

$$\frac{1}{2G_1}\left\{\left[-\frac{C_2^1}{r_2}+2C_3^1(1-2\mu_1)r_2\right]-\left[2C_5^1r_2+4\mu_1C_6^1r_2^3-2\frac{C_7^1}{r_2^3}-\frac{4(1-\mu_1)C_8^1}{r_2}\right]\cos2\theta\right\}$$
$$=\frac{1}{2G_2}\left\{\left[-\frac{C_2^2}{r_2}+2C_3^2(1-2\mu_2)r_2\right]-\left[2C_5^2r_2+4\mu_2C_6^2r_2^3-2\frac{C_7^2}{r_2^3}-\frac{4(1-\mu_2)C_8^2}{r_2}\right]\cos2\theta\right\} \tag{5-27}$$

$$\frac{1}{2G_1}\left[2C_5^1r_2+2(3-2\mu_1)C_6^1r_2^3+2\frac{C_7^1}{r_2^3}+\frac{2(2\mu_1-1)C_8^1}{r_2}\right]\sin2\theta$$
$$=\frac{1}{2G_2}\left[2C_5^2r_2+2(3-2\mu_2)C_6^2r_2^3+2\frac{C_7^2}{r_2^3}+\frac{2(2\mu_2-1)C_8^2}{r_2}\right]\sin2\theta \tag{5-28}$$

$$\frac{1}{2G_2}\left\{\left[-\frac{C_2^2}{r_3}+2C_3^2(1-2\mu_2)r_3\right]-\left[2C_5^2r_3+4\mu_2C_6^2r_3^3-2\frac{C_7^2}{r_3^3}-\frac{4(1-\mu_2)C_8^2}{r_3}\right]\cos2\theta\right\}$$
$$=\frac{1}{2G_3}\left\{\left[-\frac{C_2^3}{r_3}+2C_3^3(1-2\mu_3)r_3\right]-\left[2C_5^3r_3+4\mu_3C_6^3r_3^3-2\frac{C_7^3}{r_3^3}-\frac{4(1-\mu_3)C_8^3}{r_3}\right]\cos2\theta\right\} \tag{5-29}$$

$$\frac{1}{2G_2}\left[2C_5^2r_3+2(3-2\mu_2)C_6^2r_3^3+2\frac{C_7^2}{r_3^3}+\frac{2(2\mu_2-1)C_8^2}{r_3}\right]\sin2\theta$$
$$=\frac{1}{2G_3}\left[2C_5^3r_3+2(3-2\mu_3)C_6^3r_3^3+2\frac{C_7^3}{r_3^3}+\frac{2(2\mu_3-1)C_8^3}{r_3}\right]\sin2\theta \tag{5-30}$$

$$\frac{C_2^3}{r_4^2}+2C_3^3-\left(2C_5^3+\frac{6C_7^3}{r_4^4}+\frac{4C_8^3}{r_4^2}\right)=-\sigma_x \tag{5-31}$$

$$\frac{C_2^3}{r_4^2}+2C_3^3+\left(2C_5^3+\frac{6C_7^3}{r_4^4}+\frac{4C_8^3}{r_4^2}\right)=-\sigma_y \tag{5-32}$$

$$2C_5^3+6C_6^3r_4^2-\frac{6C_7^3}{r_4^4}-\frac{2C_8^3}{r_4^2}=0 \tag{5-33}$$

对式(5-33)进行整理，可以得到式(5-21)～式(5-33)所对应的矩阵为：

$$\begin{pmatrix}Q_{11}&Q_{12}&Q_{13}\\Q_{21}&Q_{22}&Q_{23}\\Q_{31}&Q_{32}&Q_{33}\end{pmatrix}*\{X\}=\{b\} \tag{5-34}$$

式中，$\{X\}=(C_2^1,\ C_3^1,\ C_5^1,\ C_6^1,\ C_7^1,\ C_8^1,\ C_2^2,\ C_3^2,\ C_5^2,\ C_6^2,\ C_7^2,\ C_8^2,\ C_2^3,\ C_3^3,\ C_5^3,\ C_6^3,\ C_7^3,\ C_8^3)^T$

$\{b\}=(-p_ir_1^2,\ 0,\ 0,\ 0,\ 0,\ 0,\ 0,\ 0,\ 0,\ 0,\ 0,\ 0,\ 0,\ 0,\ 0,\ -\sigma_xr_4^4,\ -\sigma_yr_4^4,\ 0)^T$

$$Q_{11} = \begin{pmatrix} 1 & 2r_1^2 & 0 & 0 & 0 & 0 \\ 0 & 0 & r_1^4 & 0 & 3 & 2r_1^2 \\ 0 & 0 & r_1^4 & 3r_1^6 & -3 & -r_1^2 \\ 1 & 2r_2^2 & 0 & 0 & 0 & 0 \\ 0 & 0 & r_2^4 & 0 & 3 & 2r_2^2 \\ 0 & 0 & 0 & 0 & 0 & 0 \end{pmatrix}$$

$$Q_{12} = \begin{pmatrix} 0 & 0 & 0 & 0 & 0 & 0 \\ 0 & 0 & 0 & 0 & 0 & 0 \\ 0 & 0 & 0 & 0 & 0 & 0 \\ -1 & -2r_2^2 & 0 & 0 & 0 & 0 \\ 0 & 0 & -r_2^4 & 0 & -3 & -2r_2^2 \\ 1 & 2r_3^2 & 0 & 0 & 0 & 0 \end{pmatrix}$$

$$Q_{13} = \begin{pmatrix} 0 & 0 & 0 & 0 & 0 & 0 \\ 0 & 0 & 0 & 0 & 0 & 0 \\ 0 & 0 & 0 & 0 & 0 & 0 \\ 0 & 0 & 0 & 0 & 0 & 0 \\ 0 & 0 & 0 & 0 & 0 & 0 \\ -1 & -2r_3^2 & 0 & 0 & 0 & 0 \end{pmatrix}$$

$$Q_{21} = \begin{pmatrix} 0 & 0 & 0 & 0 & 0 & 0 \\ 0 & 0 & r_2^4 & 3r_2^6 & -3 & -2r_2^2 \\ 0 & 0 & 0 & 0 & 0 & 0 \\ -1 & k_2 r_2^2 & 0 & 0 & 0 & 0 \\ 0 & 0 & r_2^4 & k_4 r_2^6 & -1 & k_5 r_2^2 \\ 0 & 0 & 0 & 0 & 0 & 0 \end{pmatrix}$$

$$Q_{22} = \begin{pmatrix} 0 & 0 & r_3^4 & 0 & 3 & 2r_3^2 \\ 0 & 0 & -r_2^4 & -3r_2^6 & 3 & 2r_2^2 \\ 0 & 0 & r_3^4 & 3r_3^6 & -3 & -r_3^2 \\ k_1 & k_3 r_2^2 & 0 & 0 & 0 & 0 \\ 0 & 0 & -k_1 r_2^4 & k_6 r_2^6 & k_1 & k_7 r_2^2 \\ -1 & k_9 r_3^2 & 0 & 0 & 0 & 0 \end{pmatrix}$$

$$Q_{23} = \begin{pmatrix} 0 & 0 & -r_3^4 & 0 & -3 & -2r_3^2 \\ 0 & 0 & 0 & 0 & 0 & 0 \\ 0 & 0 & -r_3^4 & -3r_3^6 & 3 & r_3^2 \\ 0 & 0 & 0 & 0 & 0 & 0 \\ 0 & 0 & 0 & 0 & 0 & 0 \\ k_8 & k_{10} r_3^2 & 0 & 0 & 0 & 0 \end{pmatrix}$$

$$Q_{31}=\begin{pmatrix} 0 & 0 & r_2{}^4 & k_{15}r_2{}^6 & 1 & k_{16}r_2{}^2 \\ 0 & 0 & 0 & 0 & 0 & 0 \\ 0 & 0 & 0 & 0 & 0 & 0 \\ 0 & 0 & 0 & 0 & 0 & 0 \\ 0 & 0 & 0 & 0 & 0 & 0 \\ 0 & 0 & 0 & 0 & 0 & 0 \end{pmatrix}$$

$$Q_{32}=\begin{pmatrix} 0 & 0 & -k_1r_2{}^4 & k_{16}r_2{}^6 & -k_1 & k_{18}r_2{}^2 \\ 0 & 0 & r_3{}^4 & k_{19}r_3{}^6 & 1 & k_{20}r_3{}^2 \\ 0 & 0 & 0 & 0 & 0 & 0 \\ 0 & 0 & 0 & 0 & 0 & 0 \\ 0 & 0 & 0 & 0 & 0 & 0 \\ 0 & 0 & 0 & 0 & 0 & 0 \end{pmatrix}$$

$$Q_{33}=\begin{pmatrix} 0 & 0 & -k_8r_3{}^4 & k_{13}r_3{}^6 & k_8 & k_{14}r_3{}^2 \\ 0 & 0 & 0 & 0 & 0 & 0 \\ 0 & 0 & -k_8r_3{}^4 & k_{21}r_3{}^6 & -k_8 & k_{22}r_3{}^2 \\ r_4{}^2 & 2r_4{}^4 & -2r_4{}^4 & 0 & -6 & -4r_4{}^2 \\ r_4{}^2 & 2r_4{}^4 & 2r_4{}^4 & 0 & 6 & 4r_4{}^2 \\ 0 & 0 & r_4{}^4 & 3r_4{}^6 & -3 & -r_4{}^2 \end{pmatrix}$$

式中，$k_i(i=1,2,\cdots,22)$ 为与套管、水泥石及围岩弹性模量及泊松比等弹性参数有关的常量。所有待定常数及应力函数确定后，可以求得套管-水泥石环-围岩中任意一点的应力分量与套管、水泥石环外壁的围压及其分布规律，了解非均匀地应力作用下套管的载荷与应力特性，了解套管的强度安全性。

5.2.2　非均匀地应力下实例计算及分析

所用基本数据如下：①储层最大主应力 $\sigma_x=110\text{MPa}$，储层最小应力 $\sigma_y=88\text{MPa}$，套管内压 $p_i=70\text{MPa}$。②几何参数：套管外径 7in，壁厚 12.65mm，内径 152.5mm；井眼直径 8½in（钻头尺寸），围岩计算外径 1727.2mm。③弹性参数：套管、水泥石、围岩的弹性参数分别为：$E_1=2.1\times10^5\text{MPa}$，$u_1=0.25$，$E_2=1.1\times10^4\text{MPa}$，$u_2=0.25$，$E_3=2\times10^3\text{MPa}$，$u_3=0.3$。

由所推导的线性方程组，借助 MATLAB，编制计算机程序求解，得到计算结果如图 5-12 和图 5-13 所示。为了了解算法的精度，如图 5-14 所示，用 ANSYS 有限元方法对上述算例进行了数值计算，对比情况如表 5-4 所示。由表 5-4 可见，理论解与有限元数值分析结果之间非常接近。

表 5-4　理论解与有限元解对比

名　称	套管外壁围压/MPa		水泥石环外壁围压/MPa	
$\theta/(°)$	理论解	有限元解	理论解	有限元解
0	132.25	132.24	136.79	136.79
15	133.78	133.78	136.02	136.19

续表

名　　称	套管外壁围压/MPa		水泥石环外壁围压/MPa	
$\theta/(°)$	理论解	有限元解	理论解	有限元解
30	137.97	137.98	133.72	133.71
45	143.71	143.71	130.25	130.25
60	149.38	149.40	127.76	127.77
75	153.57	153.56	126.12	126.12
90	155.10	155.11	125.58	125.59

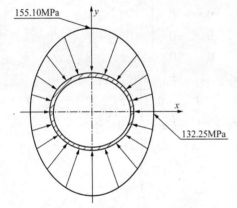

图 5-12　套管外壁围压分布示意图

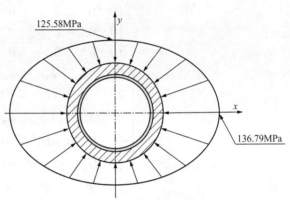

图 5-13　水泥石环外壁围压分布示意图

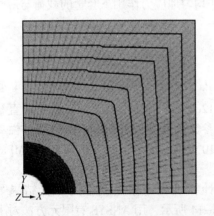

图 5-14　算例有限元模型图

以实例分析中所用数据为基本数据，系统地分析不同井眼扩大系数（井径）、固井水泥石弹性模量、岩石弹性模量和非均匀载荷系数对套管外壁径向应力（套管外壁压力）的影响。由于围压载荷是关于 X、Y 轴对称的，因此，取四分之一圆周讨论。

取井眼扩大系数分别为 1.0、1.1、1.2、1.3、1.4、1.5，对应的井眼直径分别为 215.9mm、237.49mm、259.08mm、280.67mm、302.26mm、323.85mm，得到不同井眼扩大系数下套管外壁压力分布影响规律如图 5-15 所示。由图 5-15 可见，套管外壁径向压力随着井眼直径的增加而增大。井眼直径从 8½in 增大到 1.5 倍时，套管外壁最大压力由 155.1MPa 增大到 167.22MPa；套管外壁径向压力始终大于其所处围岩中地层最大水平主应力。可见，在算例情况下，套管外壁径向压力随着井眼直径的增加而增大，因此，从降低套管围压角度，除非能得到超过围岩强度的固井水泥石，钻井过程中应尽量设法控制井眼扩大系数。

取水泥石弹性模量分别为 5000MPa、8000MPa、11000MPa、14000MPa、17000MPa 进行计算，得到不同水泥石弹性模量下套管外壁压力，规律如图 5-16 所示。由图 5-16 可见，在算例条件下，水泥石弹性模量越小，套管外壁径向压力的分布越均匀；反之，水泥石弹性模量越大，套管外壁径向压力的分布越不均匀。根据弹性力学分析，套管外壁径向压力的分布越不均匀，套管越容易损坏。因此，固井选择水泥时，应采用弹性模量较小的塑性固井水泥，以得到具有低刚度性质的水泥石环。

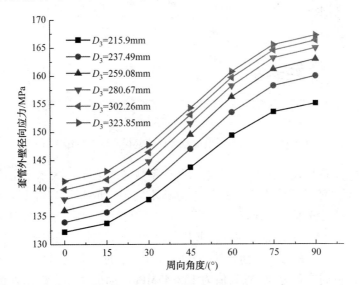

图 5-15　井眼扩大系数对套管外壁径向压力的影响

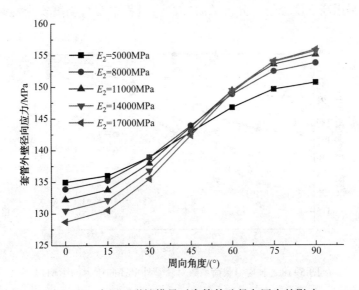

图 5-16　水泥石弹性模量对套管外壁径向压力的影响

取岩石弹性模量分别为 1000MPa、1500MPa、2000MPa、2500MPa、3000MPa 进行计算，得到不同岩石弹性模量下套管外壁压力分布，规律如图 5-17 所示。由图 5-17 可见，随岩石弹性模量的增加，套管外壁径向压力减小。岩石弹性模量从 1000MPa 增大到 3000MPa 时，套管外壁最大径向压力由 158.24MPa 减小到 152.11MPa。这一点比较容易理解，因为高刚度围岩可以"抵挡"较大的远场地应力，从而降低了套管载荷。

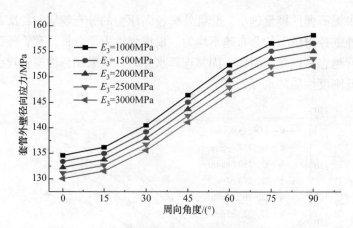

图 5-17　岩石弹性模量对套管外壁径向压力的影响

定义非均匀载荷系数 $K_p = \sigma_x/\sigma_y$，非均匀载荷系数越大表示最大水平主应力与最小水平主应力的差值越大，套管所处围岩中的地应力越不均匀。取非均匀载荷系数为 1.0、1.1、1.2、1.3、1.4、1.5，分别进行计算，得到不同非均匀载荷系数下套管外壁压力分布，规律如图 5-18 所示。由图 5-18 可见，载荷性非均匀越大，套管外壁径向压力的分布越不均匀。以非均匀载荷系数 $K_p = 1.5$ 为例，套管外壁径向压力分布的极不均匀：在周向角为 0°处其值仅为 114.39MPa，在周向角为 90°处其值为 152.47MPa。如前所述，根据弹性力学分析，套管外壁径向压力的分布越不均匀，套管越容易损坏。因此，在地应力高度不均的地区，钻井设计时就应考虑采用高强度套管；分析试油（改造）过程中套管强度安全性时，应取较高的安全系数。

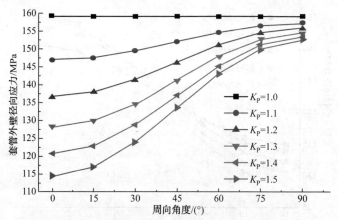

图 5-18　非均匀载荷系数对套管外壁径向压力的影响

5.3　水泥环完整性失效的判断准则

5.3.1　水泥环本体结构破坏准则

井筒压力变化过程中，水泥环的应力状态会发生明显的变化，本章前面两小节分别为复合体系统在不同地应力条件下的应力分布进行研究推导。水泥环本体可能发生拉伸、剪切破坏；而套管/水泥环、水泥环/地层界面则可能发生胶结变差，形成气液窜流通道的危险。

当水泥环上加载应力增大时，水泥环应变也增大。一旦应力达到水泥化的峰值强度时，水泥环就会沿着一个或者多个破坏平面发生破坏。目前，常用来预测水泥环失效的破坏准则主要有：

（1）最大正应力准则。

最大正应力准则（图5-19）主要用于预测当最大主应力接近水泥石强度极限时的破坏。必须满足：

$$\frac{\sigma_1}{\sigma_f} \geqslant 1$$

式中，σ_1是最大主应力，σ_f是材料的极限应力。若σ_1为拉应力，那么σ_f就是极限拉应力（$\sigma_1 > \sigma_2 > \sigma_3$）。当处于压应力状态时，则满足：

$$\frac{|\sigma_3|}{\sigma_f} \geqslant 1$$

（2）摩尔-库伦准则（图5-20）：

在地应力和井筒压力等因素的作用下，通过弹性力学厚壁筒理论，可以求得水泥环的应力状态，而当水泥环内部某一位置的剪应力超过水泥石的固有剪切强度（内聚力或黏聚力）加上作用于剪切面上的摩擦力，水泥环即发生剪切破坏。

水泥石破坏必须满足：

$$\sigma_1 = \sigma_3 \cot^2\left(45° - \frac{\varphi}{2}\right) + 2C\cot\left(45° - \frac{\varphi}{2}\right)$$

式中　σ_1——水泥石的三轴强度，MPa；

　　　σ_3——水泥石试验围压，MPa；

　　　C——水泥石的黏聚力，MPa；

　　　φ——水泥石的内摩擦角，（°）。

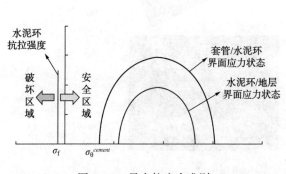

图5-19　最大拉应力准则

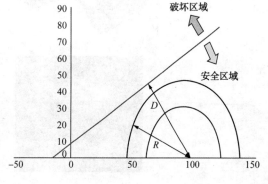

图5-20　摩尔-库伦准则

5.3.2　系统界面胶结破坏准则

水泥环本体保持完好，但水泥环与套管或地层界面发生破坏，同样会对整个系统的完整性产生影响。因此，必须给出界面安全的判断准则。

对于套管/水泥环界面防止出现剪切滑移的判断准则为：

$$\tau = \tau_{\text{casing}}^{cement} + \sigma_{\text{n}} \cdot f_{\text{casing}}^{cement}$$

式中，τ、σ_{n} 为一界面的剪应力和正应力；$\tau_{\text{casing}}^{cement}$ 为一界面抗剪强度；$f_{\text{casing}}^{cement}$ 为一界面摩擦系数。

对于二界面防止出现剪切破坏的判断条件为：

$$\tau = \tau_{\text{cement}}^{formation} + \sigma_{\text{n}} \cdot f_{\text{cement}}^{formation}$$

式中，τ、σ_{n} 为二界面的剪应力和正应力；$\tau_{\text{cement}}^{formation}$ 为二界面抗剪强度；$f_{\text{cement}}^{formation}$ 为二界面摩擦系数。

除了界面上不能出现拉应力，第一、第二界面胶结良好还应满足界面连续，即

$$\begin{cases} \delta_{\text{r}}^{casing} = \delta_{\text{r}}^{cement} \\ \delta_{\text{r}}^{cement} = \delta_{\text{r}}^{formation} \end{cases}$$

5.4 复合体系统数值建模

5.4.1 模型建立及参数选取

模拟工况为深部油气井压裂工程中，套管压力变化对水泥环完整性的影响。油气井压裂中，液压通过射孔作用于地层。在不断加压时，复合体以及射孔将产生明显应力-应变响应。根据相关的力学原理建立了任意深度的复合体力学模型。如图5-21所示。

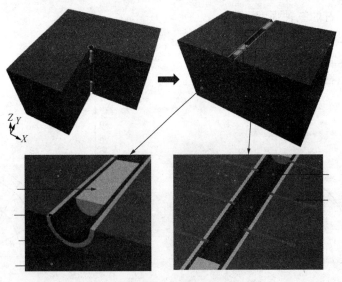

图 5-21 套管/水泥环/地层模型

由于埋深较深，液压破坏影响范围有限，故采用分段模拟方法：上部地层以等效荷载实现，液压段岩体及套管以实体模型建立，不同地质界面采用 FLAC 中的界面单元实现，如图5-21所示。为了忽略模型边界的影响，边界取距离井眼中心10倍井径的距离。

水泥环在后期储层改造过程中能否起到相应的作用主要取决于以下两方面的影响：

（1）套管/水泥环和水泥环/地层界面的胶结强度。当液压作用下界面的垂向应力超过界面的胶结强度时，界面发生拉伸破坏，水泥环封隔作用失效。

（2）水泥环本体的强度界限，在原位地应力以及井筒压力作用下，当水泥环受到的外载荷强度超过水泥环自身的强度极限时，水泥环发生拉伸破坏或者剪切破坏（图5-22）。

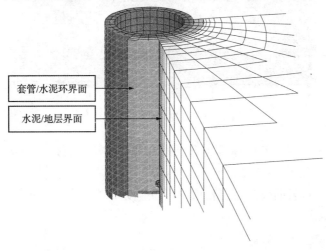

套管/水泥环界面

水泥/地层界面

图5-22　有限元模型中的界面单元

相关计算参数为：

水平最大地应力：80MPa；水平最小地应力：65MPa；上覆岩层压力：80MPa；井眼直径：Φ215.9mm；套管内径：Φ177.8mm；套管壁厚：20mm；水泥环厚度：38.1mm；地层尺寸为2m×2m×2.35m；套管和水泥环的胶结强度为8MPa；水泥环和地层的胶结强度为10MPa。射孔直径：Φ10mm；射孔密度：12孔/米；射孔相位角：90°。

利用FLAC^{3D}软件对以上套管/水泥环/地层固结体模型进行加压施工模拟运算。其中，选取套管为弹型模型、水泥环和地层为弹塑性模型。由于岩体和土体与一般材料的力学性质不同，就需要根据具体情况选择合适的破坏准则进行计算以达到经济合理、安全稳定的目的。本书模拟计算中采用Mohr-Coulomb强度理论为水泥石破坏准则。地层界面选用复合摩擦型破坏准则的力学模型计算，可以产生剪切破坏和拉破坏。具体计算参数见表5-5。

表5-5　复合体系统模拟计算参数

项目	弹性模量/GPa	泊松比	密度/(g/cm^3)	抗拉强度/MPa	内聚力/MPa	内摩擦角/(°)
套管	190	0.3	7	—	—	—
水泥环	12	0.24	2	6	18	24
地层	60	0.2	2.5	3	22	34

计算中考虑压裂液加压影响范围有限，故选择其中一段（2m）进行计算模拟地应力按边界条件施加，其中上表面载荷80MPa，x方向水平地应力80MPa，y方向水平地应力65MPa。考虑初始平衡需要力与位移两个条件，所以加载时一方加力，另一方向施加位移约束，即：上表面加载，下表面固定；左侧加载，右侧固定；后面加载，前面固定（图5-23）。

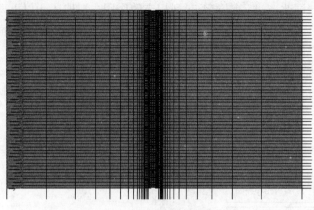

图 5-23　边界条件施加示意图

FLAC^{3D}中的界面单元，忽略厚度，满足库仑剪切定律，可以分析应力作用下界面上发生的错动滑移、剪切破坏(图 5-24)。

在计算过程中，接触面节点法向和相对剪切速度用来表示垂向应力和剪应切力，其力学模型如图 5-25 所示。

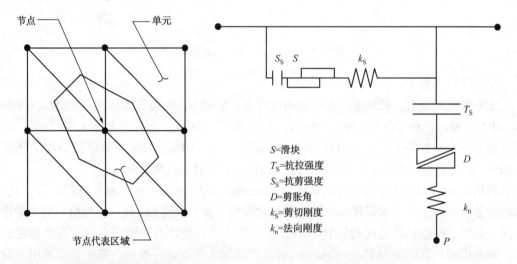

图 5-24　接触面节点相关面积的分布　　　图 5-25　接触面单元原理示意图

计算中共设置了 3 个接触面：

（1）界面 1：套管/水泥环界面；

（2）界面 2：水泥环/地层界面；

（3）界面 3：地层岩石中液压至裂连接面。

其中，第一、第二界面是实际存在的接触面，而岩层中的液压至裂连接面是根据水压至裂原理，预设的连接面，实际岩层中并未存在。由于岩石计算中工况复杂，工程计算中常根据可能产生的破坏进行极限分析。而 FLAC 软件属于连续介质，无法根据实际计算情况判断裂隙发展规律，并且不具备自适应网格功能，因此需要判断模型破坏模式并预设不连续面，使模型能够模拟不连续介质破坏情况。各界面计算参数见表 5-6。

表 5-6　接触面计算参数

界面编号	法向刚度/GPa	剪切刚度/GPa	抗拉强度/MPa	内聚力/MPa	内摩擦角/(°)
界面 1	100	80	8	22	34
界面 2	4	15	10	18	35
界面 3	46	109	14	22	34

5.4.2　模型初始平衡及加压方式选择

首先，模型进行初始平衡。受自身重力和地应力的影响，复合体产生达到初始平衡。由于数值计算无法达到绝对平衡，因此模型整体计算平衡标准选定为：当不平衡力比率（当前不平衡力/初始不平衡力）达到 1e-5 时，认为模型达到平衡（图 5-26~图 5-29）。

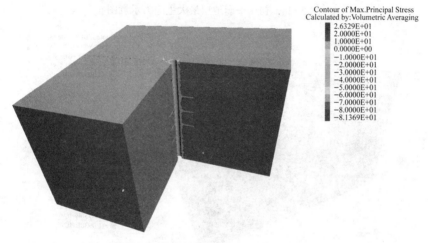

图 5-26　模型初始平衡最大主应力示意图

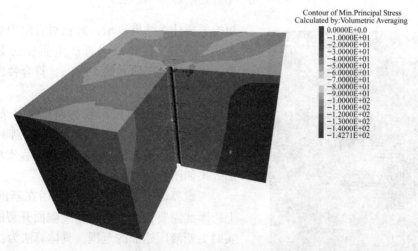

图 5-27　模型初始平衡最小主应力示意图

Contour of Max.Principal Stress
Calculated by:Volumetric Averaging

-3.0155E+01
-3.2500E+01
-3.5000E+01
-3.7500E+01
-4.0000E+01
-4.2500E+01
-4.5000E+01
-4.7500E+01
-5.0000E+01
-5.2500E+01
-5.5000E+01
-5.7500E+01
-6.0000E+01
-6.2500E+01
-6.5000E+01
-6.7500E+01
-7.0000E+01
-7.2500E+01
-7.5000E+01
-7.6927E+01

图 5-28　初始平衡地层最大主应力示意图

Contour of ZZ-Stress
Calculated by:Volumetric Averaging

-6.5584E+01
-6.7500E+01
-7.0000E+01
-7.2500E+01
-7.5000E+01
-7.7500E+01
-8.0000E+01
-8.2500E+01
-8.5000E+01
-8.7500E+01
-9.0000E+01
-9.2500E+01
-9.5000E+01
-9.7500E+01
-1.0000E+02
-1.0250E+02
-1.0500E+02
-1.0750E+02
-1.0938E+02

图 5-29　初始平衡地层纵向应力示意图

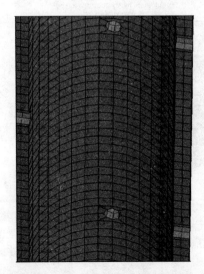

图 5-30　井筒压力加载示意图

初始平衡计算结果显示，射孔对岩层中受力情况产生明显影响，在孔眼附近产生明显的受力集中现象。岩体最大主应力约 80MPa，符合弹性力学推导结论。

因为液压施加范围较为特殊，首先是套管内壁，其次是射孔孔壁。因为范围、方向分布较广。因此，需要采用软件中 Fish 语言编程实现，液压施加效果如图 5-30 所示。

考虑界面开裂后液压会作用在新的开裂表面上，因此需要在计算中监测裂隙面开裂的情况，并实时更新液压施加的范围。具体算法为：

（1）建立 Interface 界面节点状态矩阵，记录节点编号及当前状态。其中，节点受拉破坏记为 0，节点未破坏记为 1。

（2）设定当前井筒压力。

（3）设定循环搜索间隔。

（4）循环搜索 Interface 1~3 中节点状态，提出拉伸破坏范围：

① 循环次数为 Interface 节点数量；

② 提取节点状态参数，若为 0 则进入④，若为 1 则进入③；

③ 判断当前计算中界面受拉破坏状态，若破坏则设置后期抗拉强度为 0，状态参数为 0；

④ 计算当前破坏节点坐标，提出新开裂面加载范围；

⑤ 计算当前节点控制面积，并按计算当前单个节点上所需施加的集中力；

⑥ 将新的压力施加在计算得到的范围上；

⑦ 进行下一组循环。

（5）等待下一次搜索命令。

5.4.3　计算结果分析

建立整个模型以及初始平衡之后，加载井筒压力从 90MPa 开始，共进行 90MPa、100MPa、110MPa、120MPa、130MPa、140MPa 加载，加载后界面破坏情况如图 5-31、图 5-32 所示。计算中，套管属于弹性介质无破坏发生，地层只在近射孔位置有发生局部破坏的迹象。因此，可以发现随着井筒压力的不断升高，破坏主要发生在水泥环本体上，如果不采取相应保护措施，仅仅依靠水泥环自身强度来维持完整性，在射孔周围由于应力集中而形成的大量微裂缝会导致整个水泥环的破坏。

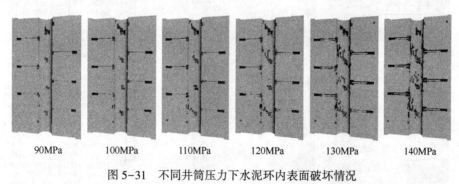

| 90MPa | 100MPa | 110MPa | 120MPa | 130MPa | 140MPa |

图 5-31　不同井筒压力下水泥环内表面破坏情况

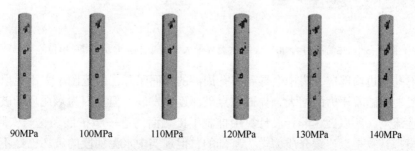

| 90MPa | 100MPa | 110MPa | 120MPa | 130MPa | 140MPa |

图 5-32　不同井筒压力下水泥环外表面破坏情况

随着井筒压力逐渐升高，水泥环破坏开始形成于射孔周边，并逐渐发展。当井筒压力上升到 120MPa 左右时，水泥环内表面射孔部位会显示螺旋破坏趋势，此时水泥环已失去封隔地层的作用。当井筒压力达到 130MPa 时，射孔完全螺旋贯通。

破坏区范围严重加大，正常施工中，压裂液会沿着射孔间贯通的窜流通道流走，无法继续在地层中起到压裂的作用；而水泥环外表面在不断改变井筒压力的情况下，破坏仅仅局限于射孔周边小部分面积，不会影响整个系统的完整性。因此，基于保证压裂工程成功的目的，在该工况下套管内所施加的极限井筒压力为 110MPa。

根据以上分析可以确定，压裂工程中所施加的井筒压力必须低于某一极限压力。将这一压力值定义为极限井筒压力。极限井筒压力对于储层改造工程设计施工意义重大。

从破坏方向上可以发现破坏发生在 *YOZ* 平面内，也就是垂直于最大水平主应力的平面内。常规筒壁此方向的破坏原理可参考地应力测量中的孔壁崩落法原理，也就是最大主应力在井筒壁周围产生受压的应力集中，因为筒壁径向压力较小产生剪切破坏。但本书的计算与该原理不同，因为根据孔壁崩落法原理随着径向压力增大，破坏区会受到控制，而本书的计算发现，恰恰是随着液压的增大才产生的破坏区发展，因此需要对水泥环受力路径进行分析并给出解释(图 5-33~图 5-39)。

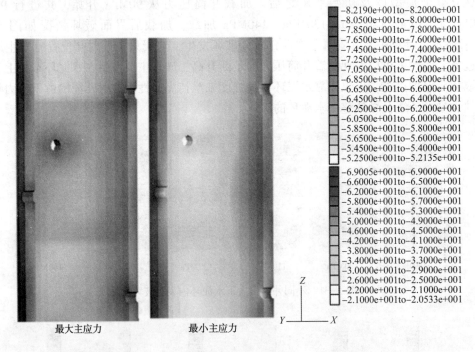

图 5-33　井筒压力为 90MPa 时水泥环最大、最小主应力示意图(单位：MPa)

由于射孔周边局部应力集中会导致射孔周围的界面张开，但范围不大不足以影响整体破坏趋势的发展。随着压力的增大，界面节点破坏逐步发展，但是因为水泥环的破坏产生了单元体的塑性流动，所以破坏的管段计算中抑制了接触面的进一步扩展。这与实际发展不同，因为数值模拟计算是以连续介质力学为基础的，但现实中水泥环段的破坏已经不存在所谓的接触面了。因此，也可以由水泥环段的破坏确定水泥环段的接触面破坏窜流(图 5-40~图 5-42)。

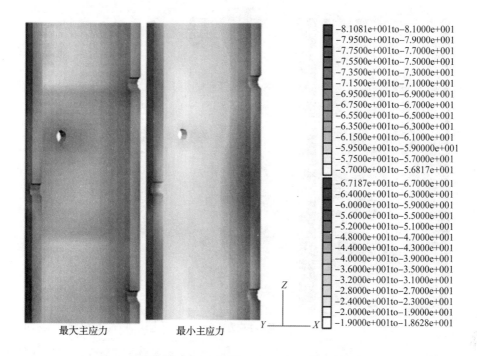

图 5-34　井筒压力为 100MPa 时水泥环最大、最小主应力示意图（单位：MPa）

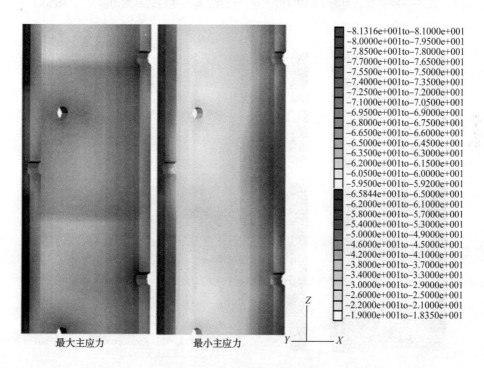

图 5-35　井筒压力为 110MPa 时水泥环最大、最小主应力示意图（单位：MPa）

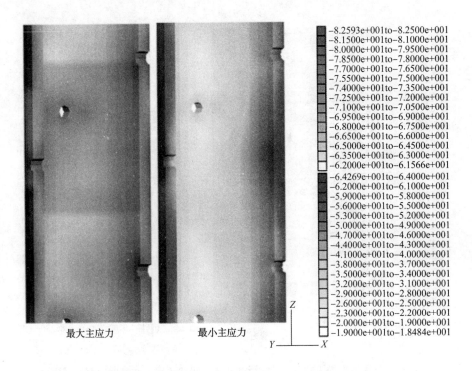

图 5-36　井筒压力为 120MPa 时水泥环最大、最小主应力示意图（单位：MPa）

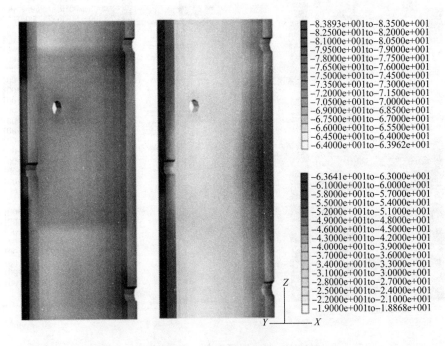

图 5-37　井筒压力为 130MPa 时水泥环最大、最小主应力示意图（单位：MPa）

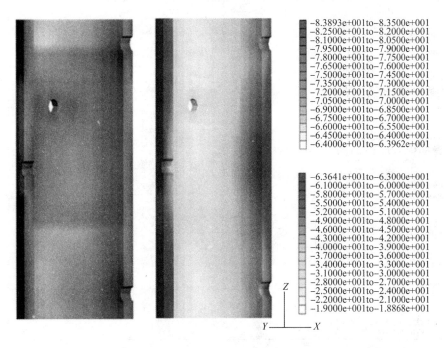

图 5-38   井筒压力为 140MPa 时水泥环最大、最小主应力示意图(单位：MPa)

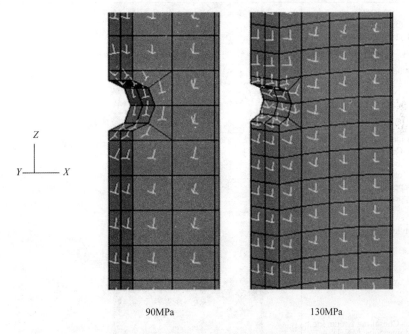

90MPa   130MPa

图 5-39   不同井筒压力作用下主应力方向示意图(单位：MPa)

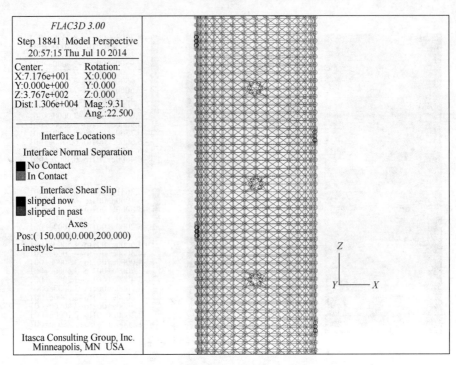

图 5-40　井筒压力为 90MPa 时水泥环界面破坏示意图

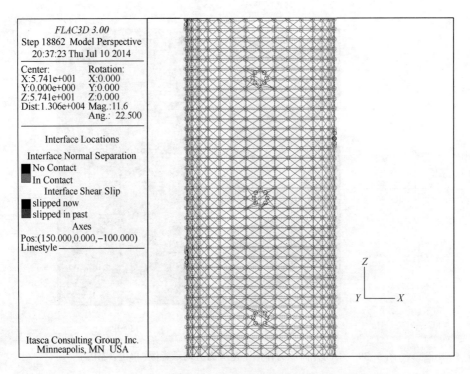

图 5-41　井筒压力为 120MPa 时水泥环界面破坏示意图

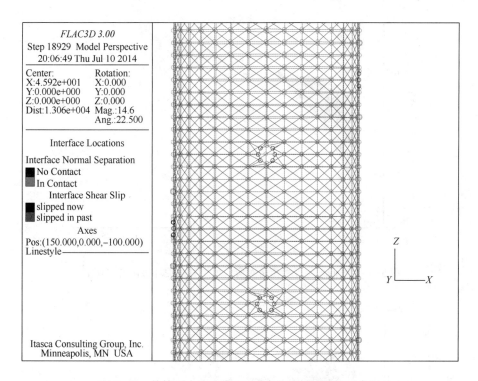

图5-42　井筒压力为140MPa时水泥环界面破坏示意图

5.5　水泥环完整性失效因素分析

对于水泥环完整性失效影响因素分析，主要集中于水泥环和地层特征参数匹配的研究。该部分主要利用FLAC^{3D}模拟运算，对影响因素进行控制变量条件下的分析，得到满足适当工况应用中的地层以及水泥环参数，使其更具普遍应用价值。

5.5.1　地层弹性模量

考虑地层弹性模量对水泥环封隔能力的影响，取地应力为80MPa、60MPa、80MPa不变，调整地层弹性模量，分别求得水泥环以及岩层所能承受极限井筒压力如图5-43所示。

由图5-43可知，水泥环和地层的极限井筒压力随着地层弹性模量非线性变化，地层的极限井筒压力随着地层弹性模量的增加呈先略微增大而后减小的趋势，当$E_{formation}$=20GPa时，地层的极限井筒压力P_{max}=108MPa；水泥环的极限井筒压力随着地层弹性模量的增加而逐渐增大。当地层弹性模量满足$E_{formation}$<23GPa时，水泥环的承受界面压力能力较低，在高井筒压力作用时，水泥环容易损坏。当地层弹性模量满足$E_{formation}$≥23GPa时，水泥环承压能力高于地层，在储层改造过程中，水泥环可以起到较好的封隔作用。

5.5.2　地层泊松比

考虑地层泊松比对水泥环封隔能力的影响，调整地层泊松比为0.25、0.27、0.29、0.31、0.33、0.35和0.37，分别求得水泥环以及地层的极限井筒压力如图5-44所示。

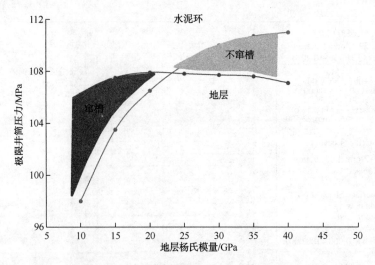

图 5-43 不同地层弹性模量对应的地层和水泥环极限井筒压力

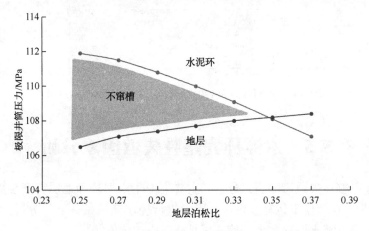

图 5-44 不同地层泊松比对应的地层和水泥环极限井筒压力

据图 5-44 得到, 地层泊松比的逐渐增大, 水泥环承压能力逐渐降低, 地层承压能力逐渐升高。当 $\mu_{formation} < 0.35$ 时, 水泥环的承压能力高于地层, 逐渐增加井筒压力, 地层先于水泥环发生破坏, 能够实现较好的储层改造效果; 当 $\mu_{formation} \geqslant 0.35$ 时, 水泥环承压能力低于地层, 在较高的井筒压力作用下, 水泥环先发生破坏, 失去封隔地层和套管的能力, 致使储层改造工程失败。

5.5.3 水泥环弹性模量

考虑水泥环弹性模量对自身封隔能力的影响, 取地应力为 80MPa、60MPa、80MPa 不变, 调整水泥环的弹性模量(图 5-45)。

由图 5-45 可知, 水泥环的极限井筒压力随着自身弹性模量增大逐渐降低, 地层极限井筒压力随着水泥环弹性模量的增大而逐渐升高。当水泥环弹性模量满足 $E_{cement} \geqslant 15\mathrm{GPa}$ 时, 水泥环的承受界面压力能力低于地层, 在高井筒压力作用下, 水泥环容易失效。高弹性模量的水泥环容易发生破坏, 形成贯通的窜流通道, 影响储层改造工程的效果。

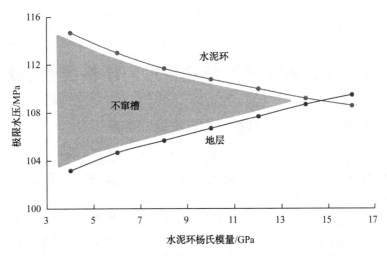

图5-45　不同水泥环弹性模量对应的地层和水泥环极限井筒压力

5.5.4　水泥环泊松比

考虑水泥环泊松比对自身封隔作用的影响，取地应力为80MPa、60MPa、80MPa不变，保持水泥环弹性模量为12GPa，调整水泥环的泊松比为0.18、0.20、0.22、0.24、0.26、0.28和0.30，分别求得水泥环以及地层极限井筒压力如图5-46所示。

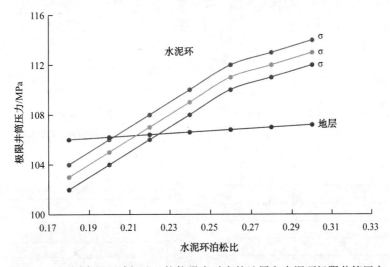

图5-46　不同水泥环泊松比、抗拉强度对应的地层和水泥环极限井筒压力

水泥环封隔能力受到自身泊松比以及抗拉强度的影响：

水泥环泊松比对自身的极限井筒压力影响较大，随着泊松比的提高，极限井筒压力明显升高，当$\mu_{cement} < 0.227$时，水泥环承压能力与水泥环泊松比呈线性增长趋势，当$\mu_{cement} \geqslant 0.227$时，水泥环承压能力依然增强，但增加速度降低为先前的一半；水泥环泊松比对地层极限井筒压力影响较小，地层的极限井筒压力基本保持不变。随着水泥环抗拉强度的增加，其自身极限井筒压力同样上升。

低泊松比的水泥环易于发生窜槽，丧失封隔地层和套管的作用，形成贯通的窜流通道，影响储层改造工程的效果。

5.6 水泥环完整性对套管抗内压性能的影响

5.6.1 完整水泥环对完整套管抗内压性能的影响

以 9⅝in 套管为例，分析无水泥环和有水泥环时套管的承载性能，计算内压均为 40MPa。对有水泥环的套管，分析对象为套管-水泥环-地层系统，地层压力为 20MPa。

1）无水泥环的套管承载性能

无水泥环的套管在 40MPa 内压力作用下的应力分布如图 5-47 ~ 图 5-50 所示。由图 5-49可看出，径向应力是压应力，在内壁面上最大，沿壁厚方向不断下降，在外壁面上为零。由图 5-50 可看出，周向应力沿径向不断减小。从各应力的相对大小可以知道，周向应力最大，说明提高套管抗内压性能的关键是要降低套管的周向应力分量。

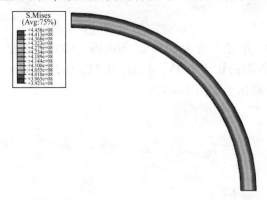

图 5-47 无水泥环 9⅝in 套管应力分布云图

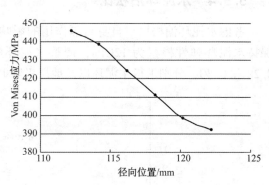

图 5-48 无水泥环 9⅝in 套管 Von Mises 应力沿壁厚的变化

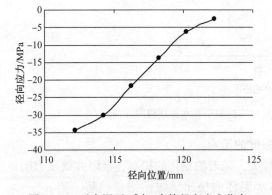

图 5-49 无水泥环 9⅝in 套管径向应力分布

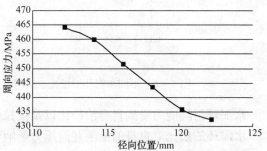

图 5-50 无水泥环 9⅝in 套管周向应力分布

2）复合体系统下套管的承载性能

套管-水泥环-地层复合体系统在内压 40MPa 和地层围压 20MPa 作用下的有限元分析如

图5-51~图5-54所示。由图5-52可见，Mises应力在套管-水泥环界面和水泥环-地层界面上是不连续的，套管外壁上Mises应力大于水泥环内壁，而水泥环外壁上Mises应力大于地层内壁，从套管内壁到地层边界Mises应力逐步衰减。套管-水泥环-地层系统下套管内壁面上套管的最大Mises应力显著降低，无水泥环时最大Mises应力为446MPa，有水泥环时最大Mises应力80.1MPa，减小了365.9MPa，降低了81.8%，说明在有水泥环的情况下，套管的承载能力大大提高，设计时可以降低管材钢级或减小壁厚以节省相关费用。

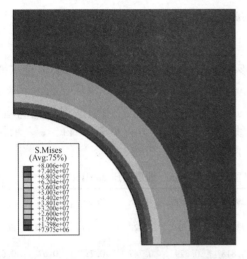

图5-51　套管-水泥环-地层系统下应力云图

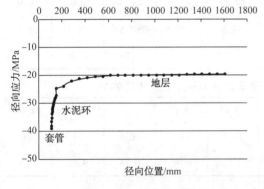

图5-52　地层-水泥环-套管 Von Mises 应力分布

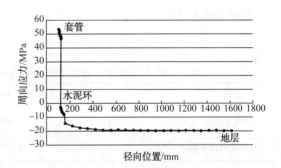

图5-53　地层-水泥环-套管径向应力分布　　　图5-54　地层-水泥环-套管周向应力分布

无水泥环时径向应力从内壁面的最大值40.0MPa减小到外壁面的0MPa，有水泥环时套管内的径向压应力从内壁面上40.0MPa降到外壁面上33.1MPa。对比图5-50和图5-54，可以看出，无水泥环时，套管外壁面上的周向应力不到50MPa，这是由于水泥环和地层限制了套管膨胀的缘故。由此说明水泥环改善了套管的应力分布，可以降低套管上的Mises应力，从而大大提高套管的抗内压能力。

地层围压对套管的抗内压能力有很大影响。用有限元分析了不同地层围压对套管的抗内压能力的影响，见表5-7。可以看出，随着地层围压的增大，套管的初始抗内压强度基本呈线性增大，说明在水泥环固结质量较好时随着深井地层压力的增大，可以降低管材钢级或减小壁厚。另外，当地层围压为 0 时，初始抗内压强度最小，但仍然要大于无水泥环时的抗内压强度(41MPa)。

表 5-7　不同地层围压下 9⅝in 套管的初始抗内压强度

地层压力/MPa	0	5	10	15	20
初始抗内压强度/MPa	59.3	66.8	74.5	82	89.5

5.6.2　完整水泥环对磨损套管抗内压性能的影响

1）磨损量对套管初始抗内压强度的影响

在完整水泥环下，有限元分析了 9⅝in、10¾in 和 13⅜in 三种套管在不同磨损量下的抗内压强度，见表 5-8～表 5-10。根据表中数据绘制相对磨损量与剩余抗内压系数的关系图，如图 5-55～图 5-57 所示。由图 5-55～图 5-57 所示可见，随着套管内壁磨损程度的增加，即 h_w/h 值增大，套管的剩余抗内压系数近似按线性下降。拟合方程见表 5-11，x 表示相对磨损量量(%)，y 表示初始抗内压系数。

表 5-8　9⅝in 磨损套管的抗内压强度(壁厚 10.03mm，地层围压 20MPa)

磨损量 h_w/h/%	0.0	9.40	19.37	29.34	39.31	49.28	59.25	69.22	79.19
抗内压强度 P_w/MPa	90.00	82.30	77.70	73.60	70.10	67.20	63.90	60.30	56.10
剩余抗内压系数 P_w/P_o	1.00	0.914	0.863	0.818	0.779	0.747	0.71	0.67	0.623

表 5-9　10¾in 磨损套管的抗内压强度(壁厚 10.16mm，，地层围压 20MPa)

磨损量 h_w/h/%	0.00	9.16	18.32	27.47	36.63	45.79	54.95	73.26
抗内压强度 P_w/MPa	92.6	84.1	79.4	75.6	72	68.5	64.8	65.5
剩余抗内压系数 P_w/P_o	1.0	0.91	0.86	0.82	0.78	0.74	0.70	0.61

表 5-10　13⅜in 磨损套管的抗内压强度(壁厚 10.92mm，，地层围压 20MPa)

磨损量 h_w/h/%	0	9.16	18.32	27.47	36.63	45.79	54.94	64.10
抗内压强度 P_w/MPa	81.3	74.8	70.45	66.8	63.7	60.9	58	55
剩余抗内压系数 P_w/P_o	1	0.92	0.87	0.82	0.78	0.75	0.71	0.68

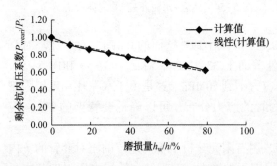

图 5-55　磨损量与剩余抗内压系数曲线(9⅝in)

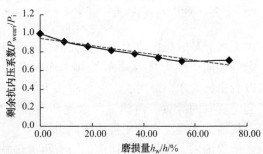

图 5-56　磨损量与剩余抗内压系数曲线(10⅝in)

对磨损套管，为了反映无水泥环和有水泥环时的初始屈服抗内压强度的提高程度，将对应情况下有水泥环时初始屈服抗内压强度/无水泥环时初始屈服抗内压强度，其结果如图5-58所示。可以看出，在偏磨后期，有水泥环约束的套管（地层围压20MPa）其抗内压强度比无水泥环的要大得多，因此，水泥环固封良好时，可以延长偏磨套管的后续服役期（表5-11）。

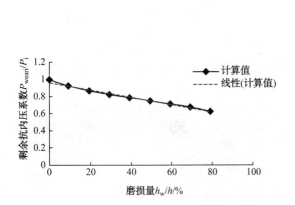

图5-57 磨损量与剩余抗内压系数曲线（13³⁄₈in）

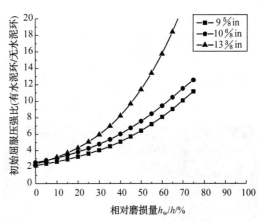

图5-58 套管在有、无水泥环时初始抗内压强度比较

表5-11 全封水泥环下磨损套管的初始抗内压强度系数与相对磨损量的关系

套管规格/in	初始抗内压强度回归方程	方差 R^2
9⅝	$y = 0.99648 - 0.00908x + 0.00013x^2 - 8.9275 \times 10^{-7} x^3$	0.999
10⅝	$y = 0.99522 - 0.0094x + 0.00013x^2 - 1.0125 \times 10^{-6} x^3$	0.995
13⅜	$y = 0.99869 - 0.00915x + 0.00012x^2 - 8.6526 \times 10^{-7} x^3$	0.999

但是，实际水泥环一般仅封住套管柱下断的很小一段环空，套管柱的绝大部分是无水泥环支撑的。因此，为了提高无水泥环下套管柱的初始屈服抗内压强度，应采取适当的方法在当前工作套管外壁人为施加外压。例如，在两层套管间的环空注入液体，使当前工作套管受到一定的外压，以达到提高无水泥环下套管柱的初始屈服抗内压强度的目的。水泥环的材料性质影响套管的抗内压强度，根据地层情况选择恰当的水泥材料。水泥环的抗拉能力一般在1.4MPa左右，在套管-水泥环界面要防止水泥环侧的拉应力超过1.4MPa，以避免水泥环径向破裂。

2）9⅝in套管Von Mises应力的分布

图5-59~图5-60反映套管-水泥环-地层复合体系统中磨损套管内壁出现初始屈服时沿圆周的应力分布，图5-61~图5-69反映套管-水泥环-地层复合体系统的应力分布。通过分析，可得以下结论：

（1）Von Mises应力最大值在套管磨损最严重区域的内壁面。

（2）套管的磨损量越大，达到初始抗内压屈服强度时，套管的应力分布越不均匀。

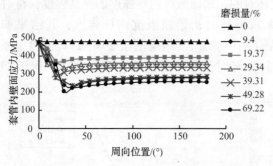

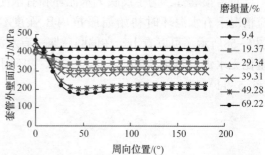

图 5-59 磨损套管内壁面的 Von Mises 应力曲线　　图 5-60 磨损套管外壁面的 Von Mises 应力曲线

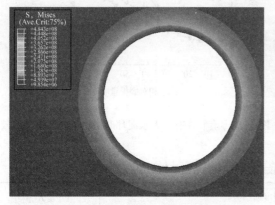

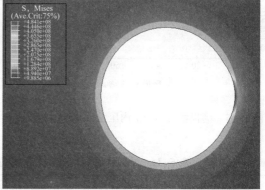

图 5-61　Von Mises 应力分布图 $h_w/h=0$，
$P_w=107.6\text{MPa}$

图 5-62　Von Mises 应力分布图 $h_w/h=9.4\%$，
$P_w=99.0\text{MPa}$

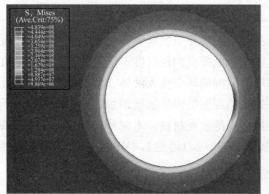

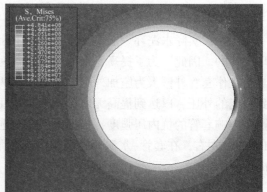

图 5-63　Von Mises 应力分布图 $h_w/h=19.37\%$，
$P_w=93.5\text{MPa}$

图 5-64　Von Mises 应力分布图 $h_w/h=29.34\%$，
$P_w=89.0\text{MPa}$

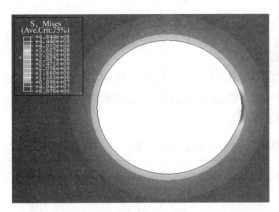

图 5-65　Von Mises 应力分布图 $h_w/h = 39.31\%$，
$P_w = 84.72\text{MPa}$

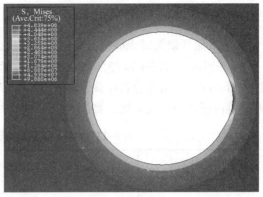

图 5-66　Von Mises 应力分布图 $h_w/h = 49.28\%$，
$P_w = 80.33\text{MPa}$

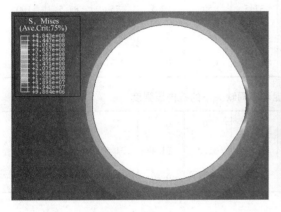

图 5-67　Von Mises 应力分布图 $h_w/h = 59.25\%$，
$P_w = 74.9\text{MPa}$

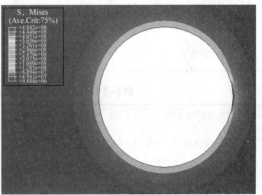

图 5-68　Von Mises 应力分布图 $h_w/h = 69.22\%$，
$P_w = 71.5\text{MPa}$

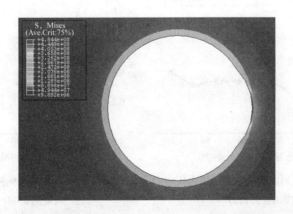

图 5-69　Von Mises 应力分布图 $h_w/h = 79.19\%$，$P_w = 66.85\text{MPa}$

5.6.3 水泥环周向缺失对完整套管抗内压性能的影响

1）水泥环缺失对无磨损套管抗内压强度的影响

以 $9\frac{5}{8}$in、$10\frac{5}{8}$in 和 $13\frac{3}{8}$in 三种无磨损套管为分析对象，研究水泥环周向不同缺失下的抗内压强度，有限元分析结果见表 5-12~表 5-14。根据表中数据，绘制水泥环周向缺失与剩余抗内压系数的关系图，如图 5-70~图 5-72 所示。

表 5-12　$9\frac{5}{8}$in 套管在水泥环不同缺失下的抗内压强度

水泥环周向缺失量/%	0	12.5	25	37.5	50	62.5	75	87.5	100
初始抗内压强度 P_w/MPa	90	*	20.2	32.4	37.7	36.3	36.8	33.9	41
抗内压系数 P_w/P_o	1	*	0.22	0.36	0.42	0.40	0.41	0.38	0.46

表 5-13　$10\frac{5}{8}$in 套管在水泥环不同缺失下的抗内压强度

水泥环周向缺失量/%	0	12.5	25	37.5	50	62.5	75	87.5	100
初始抗内压强度 P_w/MPa	92.6	*	13.1	29.7	34.5	32.9	34.1	34.2	36.37
抗内压系数 P_w/P_o	1	*	0.14	0.32	0.37	0.36	0.37	0.37	0.39

表 5-14　$13\frac{3}{8}$in 套管在水泥环不同缺失下的抗内压强度

水泥环周向缺失量/%	0	12.5	25	37.5	50	62.5	75	87.5	100
初始抗内压强度 P_w/MPa	81.3	*	16.7	28.3	31.2	31.4	31.5	31.4	34.2
抗内压系数 P_{wi}/P_i	1	*	0.20	0.35	0.38	0.39	0.39	0.39	0.42

注：＊为套管已进入塑性。

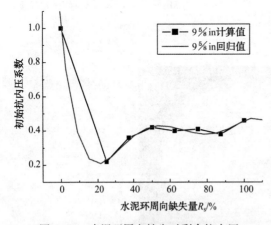

图 5-70　水泥环周向缺失对剩余抗内压
强度的影响（$9\frac{5}{8}$in）

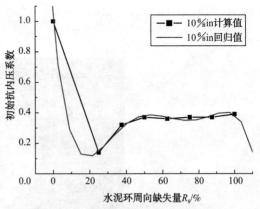

图 5-71　水泥环周向缺失对剩余抗内压
强度的影响（$10\frac{5}{8}$in）

由表 5-12~表 5-14 可看出，水泥环的缺失将引起套管抗内压强度的急剧下降。例如，周向缺失 R_s 为 12.5%时，在水泥环缺失处套管内壁已经进入塑性状态，这是因为水泥环缺失处失去对套管变形约束作用，缺失区域小应力扩散能力弱，造成应力高度集中，导致无水泥环处的套管发生鼓胀，内壁面上的压应力最先进入塑性阶段。随着水泥环缺失量进一步增大，套管的抗内压强度增大并趋于一定值。这是因为，随着水泥环缺失范围的增大，套管的应力集中有所缓和，结构上没有太大的变化，应力分布变化趋于平缓。

对于不同规格的套管，水泥环周向缺失与剩余抗内压系数的回归关系见表 5-15，x 表示水泥环缺失量(%)，y 表示初始抗内压系数。

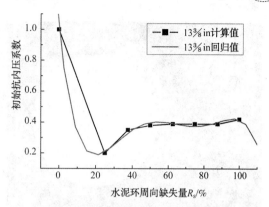

图 5-72　水泥环周向缺失对剩余抗内压强度的影响($13\frac{3}{8}$in)

表 5-15　水泥环周向缺失与剩余抗内压系数的回归关系

套管规格/in	回归方程	方差 R^2
$9\frac{5}{8}$	$y=0.99957-0.103x+4.6\times10^{-3}x^2-8.585\times10^{-5}x^3+7.148\times10^{-7}x^4-2.193\times10^{-9}x^5$	0.996
$10\frac{5}{8}$	$y=0.9995-0.123x+0.0059x^2-1.174\times10^{-4}x^3+1.047\times10^{-6}x^4-3.463\times10^{-9}x^5$	0.997
$13\frac{3}{8}$	$y=0.9995-0.108x+0.005x^2-9.696\times10^{-5}x^3+8.49\times10^{-7}x^4-2.765\times10^{-9}x^5$	0.997

2）$9\frac{5}{8}$in 套管 Von Mises 应力的分布

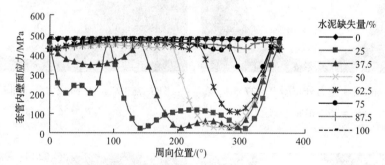

图 5-73　磨损套管内壁面的 Von Mises 应力曲线

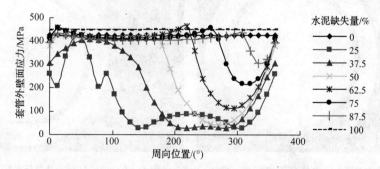

图 5-74　磨损套管外壁面的 Von Mises 应力曲线

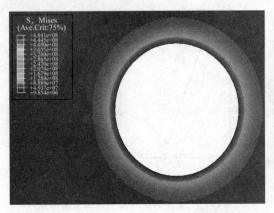

图 5-75　Von Mises 应力分布图 $R_s = 0$，
$P_w = 107.3\text{MPa}$

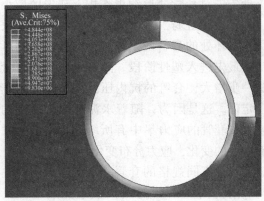

图 5-76　Von Mises 应力分布图 $R_s = 25\%$，
$P_w = 24.4\text{MPa}$

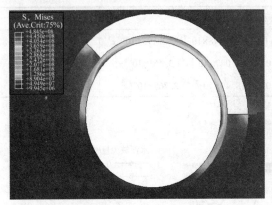

图 5-77　Von Mises 应力分布图 $R_s = 37.5\%$，
$P_w = 36.2\text{MPa}$

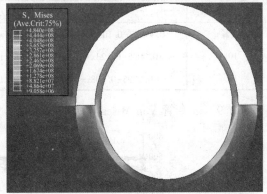

图 5-78　Von Mises 应力分布图 $R_s = 37.5\%$，
$P_w = 36.2\text{MPa}$

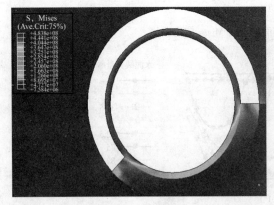

图 5-79　Von Mises 应力分布图 $R_s = 62.5\%$，
$P_w = 42.2\text{MPa}$

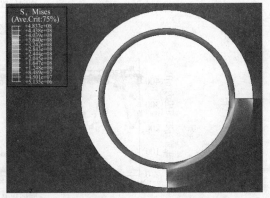

图 5-80　Von Mises 应力分布图 $R_s = 75\%$，
$P_w = 42\text{MPa}$

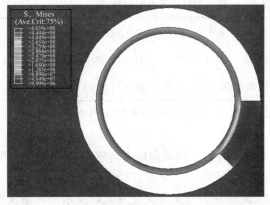
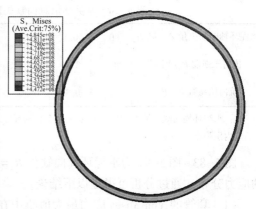

图 5-81　Von Mises 应力分布图 R_s = 87.5%，
P_w = 41.23MPa

图 5-82　Von Mises 应力分布图 R_s = 100%，
P_w = 41MPa

图 5-73 和图 5-74 反映套管-水泥环-地层复合体系统中水泥环周向缺失量时套管内壁和外壁的 Mises 应力分布，图 5-75～图 5-82 反映套管-水泥环-地层复合体系统的应力分布。通过分析，可得以下结论：

（1）当水泥环周向缺失量 R_s < 50% 时，套管外壁面的最大 Von Mises 应力分布在水泥环缺失区域中心所对位置。内壁面的最大 Von Mises 应力分布在水泥环缺失与未缺失的相交区域。

（2）当水泥环周向缺失量 R_s ≥ 50% 时，套管的 Von Mises 应力最大值集中在无水泥环段。

（3）套管的 Von Mises 应力最小值集中在与水泥环中心接触的外壁面上。水泥环缺失量越大，套管的应力最小值越大，应力分布越均匀。

5.6.4　水泥环轴向缺失长度对完整套管抗内压强度的影响

水泥环沿轴向缺失长度对完好套管的抗内压性能的影响见表 5-16 和图 5-83。由图 5-83 可见，水泥环固结质量的好坏对套管的抗内压性能影响相对较大，套管的抗内压性能明显下降。例如，水泥环周向缺失量 R_s = 12.5%，轴向缺失量 Z_s = 10% 时，套管的抗内压强度仅为水泥环无缺陷时的 36%，下降近三分之二。随着水泥环沿轴向缺失长度的增大，套管的抗内

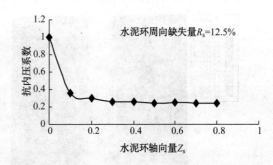

图 5-83　水泥环轴向缺失量与套管抗内压系数曲线

压系数平缓下降并趋于一个下限值。在套管柱强度设计时，尤其对于出砂油层，因为出砂容易形成空洞区，必须考虑水泥环缺失对套管抗内压性能的影响。例如，考虑水泥环轴向缺失量为 10%，则可取抗内压安全系数除以 0.36 作为抗内压的设计安全系数。

表 5-16 水泥环沿轴向缺失对 $9\frac{5}{8}$in 套管的抗内压性能影响

水泥环轴向缺失量 $Z_s = h'/H$	0	0.1	0.2	0.3	0.4	0.5	0.6	0.7	0.8	0.9~1
抗内压强度 P_w/MPa	86.3	31.1	25.6	22.22	22.4	21.1	21.6	20.8	20.63	*
抗内压系数 P_w/P_o	1	0.36	0.30	0.26	0.26	0.24	0.25	0.24	0.24	*

注：水泥环周向缺失量 R_s 为 12.5%；* 为套管局部已进入塑性；h' 为水泥环轴向缺失长度；P_i 为水泥环无缺失时套管的抗内压强度。

图 5-83~图 5-91 为水泥环周向缺失 $R_s = 12.5\%$ 时，不同轴向缺失高度 h'/H 下完好套管的应力分布，通过分析可得出以下结论：

（1）套管的 Von Mises 应力最大值集中在水泥环缺失与无缺失交界处以及水泥环缺失中心位置。

（2）套管的 Von Mises 应力较小值集中在有水泥环段。

（3）水泥环轴向缺失范围越大，套管的 Von Mises 应力较大值沿轴向分布越广。

（4）套管在无水泥环区域的变形最大。

图 5-84 磨损长度 $h/H = 10\%$，$P_w = 31.1$MPa，Von Mises 应力分布图

图 5-85 磨损长度 $h/H = 20\%$，$P_w = 25.6$MPa，Von Mises 应力分布图

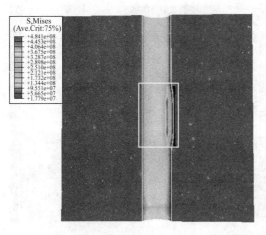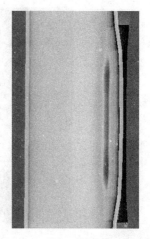

图 5-86　磨损长度 $h/H = 30\%$，$P_w = 22.22\text{MPa}$，Von Mises 应力分布图

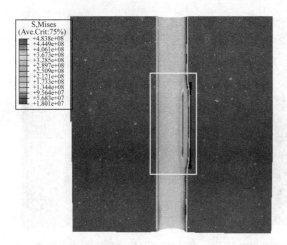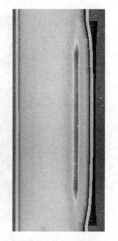

图 5-87　磨损长度 $h/H = 40\%$，$P_w = 22.4\text{MPa}$，Von Mises 应力分布图

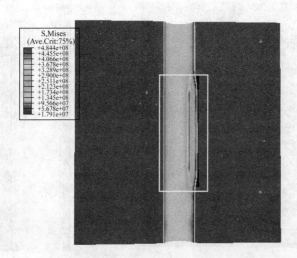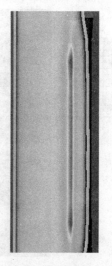

图 5-88　磨损长度 $h/H = 50\%$，$P_w = 21.1\text{MPa}$，Von Mises 应力分布图

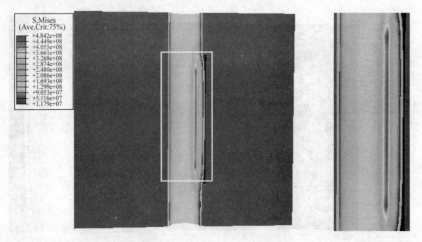

图 5-89　磨损长度 $h/H = 60\%$，$P_w = 21.6\text{MPa}$，Von Mises 应力分布图

图 5-90　磨损长度 $h/H = 70\%$，$P_{\text{weari}} = 20.8\text{MPa}$，Von Mises 应力分布图

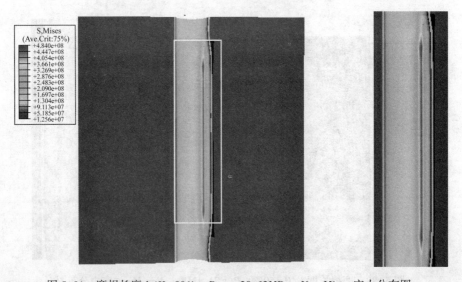

图 5-91　磨损长度 $h/H = 80\%$，$P_{\text{weari}} = 20.63\text{MPa}$，Von Mises 应力分布图

第6章　井筒完整性相关地层岩石力学

6.1　地层岩石完整性

石油钻井为防止孔隙流体溢出和井壁岩石的破坏，需要一定密度的钻井液充满井眼。对于井身剖面上的大部分地层岩石，钻井液密度只需稍稍大于地层孔隙压力梯度就能满足钻井要求。井壁失稳有两种基本形式：压缩剪切破坏和拉伸破坏。

压缩剪切破坏是钻井液密度过低而不足以满足地层岩石强度和应力集中的要求，根据井壁失稳后的井眼形态，压缩剪切破坏形式可分为两种形式：井径扩大和缩径。井径扩大通常发生在低强度的脆性地层如脆硬性泥页岩地层。井壁破坏后，在环空钻井液流体的冲刷作用下，井壁岩石坍塌、掉块崩落。井径扩大对测井和固井极其不利，坍塌一般是钻头或钻具卡钻的原因之一。缩径一般发生在软质泥页岩、砂岩、盐膏岩等塑性地层。地层在高应力差作用下产生不同程度的塑性变形，引起井眼直径减小。钻井作业需要不断划眼以避免卡钻的发生。拉伸破坏或水力压裂裂缝是造成钻井液漏失的主要原因。严重的井漏可使钻井液液柱压力大幅度降低，为井喷埋下隐患。

6.1.1　敏感性页岩地层

在井眼被钻开之前，地层岩石所受的地应力处于平衡状态。当井眼形成后，钻井液为井壁提供支撑作用，应力重新分布。这样岩石所受的剪应力有可能大于岩石本身的强度而发生井壁失稳应力诱导。页岩中存在层理面，井壁失稳可由层理弱面的剪切或拉伸破坏造成。此外，在钻井过程中，由于页岩的低渗透性，岩石骨架的体积变化将引起孔隙压力增加，从而导致有效应力降低，使井壁更不稳定。提高钻井液密度可避免井壁失稳，但是，若钻井液密度过大，地层将会被压裂或发生剪切破坏被动。此外，若地层岩石存在裂缝，钻井液滤液在过平衡条件下会渗入裂缝，造成地层沿裂缝破坏，其破坏特征是块状崩塌物。综上所述，对敏感性页岩地层力学稳定性起决定作用的是井眼轨迹、地应力的大小和方位、材料的孔隙弹性和强度、层理面、天然裂缝、诱发孔隙压力和钻井液液柱压力。此外，页岩的稳定性具有时间效应。研究发现的页岩稳定机理包括孔隙压力扩散、塑性、各向异性、毛细管效应、渗透性、物理化学交互作用。可通过途径提高页岩的井壁稳定性优选钻井液类型、选择合理的钻井液密度、优化钻井液流变性并优选水力参数、采用合理的钻井工程技术措施。

6.1.2　裂缝性地层

地层原来就存在的裂缝在井周压应力集中作用下开始发育，与边界的相互作用最终使裂缝不稳定发展，最后是薄层岩石发生挠曲而分离出来。初始的地层岩石破坏稍稍移动了井眼边界，促使下一条裂缝扩展。重复上述过程直至井眼形状的改变足以制止裂缝扩展的不稳定状态，这就是地层破坏的最终程度。地层原来存在的裂缝尺寸越小，破坏程度就越大。传统上从岩石断裂力学角度出发，建立裂缝性地层的井眼坍塌力学模型，从理论上来说是一种新的突破。但由于地层的预裂缝几何状态及井眼打开后裂缝的变化等无法较为准确地估计，再加上裂缝性岩石力学参数的获取较困难。所以，从工程上说，对于裂缝性地层，应从统计的观点出发来获得可靠的结果。李鹭光川认为破碎性高陡地层井壁失稳的机理可以概括以下9种方式：

（1）力学不稳定是大倾角破碎地层井壁失稳的根本原因，关键是地层倾角的大小、岩体破碎程度及外来流体的侵入程度。

（2）地层倾角越大，地层所受构造作用越强，两个水平主应力的大小和方向都呈现出非稳定场的特征，而且大小相差悬殊。两个水平主应力相差越大，岩石所受的剪切应力亦越大，井壁极易沿着弱结构面破坏，使防止井塌的最小钻井液密度增大即安全钻井液密度下限提高，安全钻井液密度窗口变窄。

（3）地层裂缝发育，破碎程度大，其各向异性较强，两水平主应力差值大，岩体间胶结弱，弱结构面强度低，抗拉、抗剪强度均低，因而防止井壁坍塌的最小钻井液密度较大，安全钻井液密度下限增高，地层越破碎，地层破裂压力越低，安全钻井液密度上限也越低，导致安全钻井液密度窗口进一步变窄。

（4）对于裂缝发育且断层多的破碎性地层，随着地层倾角的增大，安全钻井液密度下限逐渐升高，上限又逐渐降低，使安全钻井液密度窗口逐渐变窄。当地层倾角增大到一定值时，安全钻井液密度上限和下限将趋于重合，此时，理论上已不存在安全钻井液密度值，如果不采取有效的防塌措施，井壁失稳将不可避免。

（5）大倾角破碎地层具有"碎、松、陡"等特点，其临界冲蚀指数低，井壁抗钻井液的冲蚀能力差，易出现"冲蚀失稳"。同时，对井内压力波动敏感，在起下钻和开泵等过程中易出现"波动失稳"。

（6）达西滤失造成的水力连通作用引发井壁失稳。

（7）润湿造成的"毛细管扩张作用"引发井壁失稳。

（8）缝间充填物水化造成的"水楔作用"引发井壁失稳。

（9）破碎体本身水化膨胀造成的"推挤作用"引发井壁失稳。

6.1.3 流变地层

软泥岩、盐膏岩地层在强地应力的作用下，会发生蠕变流动，导致缩径卡钻。从力学角度看，软泥岩、盐膏岩具有较强的流动性，高温使得其流动性更加明显。在井眼形成之后，原地应力场的平衡遭到破坏，次生应力场的作用使得软泥岩、盐膏岩向着井眼方向流动，直到实现新的应力平衡。这种沿径向的流动使井眼直径减小，造成缩径，这是盐膏层钻井中易发生卡钻的主要原因。从物理学角度看，盐岩易溶于水，对于大段软泥岩、盐膏岩来说，盐的溶解会导致井壁坍塌较大块的砂、泥岩等脱离井壁，从而增大了卡钻的概率。

6.1.4 强度各向异性地层

由于大多数沉积岩是各向异性的，所以研究各向异性对地层强度的影响对于钻井工程是非常重要的。对于大倾角地层的平面各向异性，尤为重要的是弱面，即地层中有这么一组低强度的薄弱面，在一定情况下，在较小的钻井液液柱压力下会先于岩石本体的破坏，常常引起异常的钻井复杂情况。

从微观结构上看，岩石是非均质的和各向异性的，一方面是由于岩石的成因，如颗粒大小不同，胶结物不同，存在层理等另一方面是由于构造应力历史产生的，在变形过程中产生了裂缝、节理。但是若在所有方向上都视为各向异性，则材料的弱性常数太多，所以宏观上把岩石看作为弹性参数在层面各个方向上均相同，在垂直方向上有差别，即宏观各向同性。对于井壁稳定性力学分析，最重要的是要考虑弱面的影响。目前，对弱面模型的研究局限于弱面的走向与最小水平地应力方向一致这一特殊情况。

6.2 井壁围岩弹性应力分析

6.2.1 均匀地应力

均匀地应力场中，垂直井的井径远远小于地应力场的尺寸，此时井壁围岩应力模型可假设为厚壁筒模型。忽略体力，柱坐标下的应力平衡方程如下：

$$\frac{\partial \sigma_r}{\partial r} + \frac{1}{r}\frac{\partial \tau_{\theta r}}{\partial \theta} + \frac{\partial \tau_{zr}}{\partial z} + \frac{\sigma_r - \sigma_\theta}{r} = 0$$

$$\frac{1}{r}\frac{\partial \sigma_\theta}{\partial \theta} + \frac{\partial \tau_{r\theta}}{\partial r} + \frac{\partial \tau_{z\theta}}{\partial z} + \frac{2\tau_{r\theta}}{r} = 0 \qquad (6-1)$$

$$\frac{\partial \sigma_z}{\partial z} + \frac{\partial \tau_{rz}}{\partial r} + \frac{1}{r}\frac{\partial \tau_{r\theta}}{\partial \theta} + \frac{\tau_{rz}}{r} = 0$$

式中，σ 为正应力；τ 为剪应力。

如果地层岩石只有径向变形，该厚壁筒模型受力问题属于平面应变问题。此时，平衡方程可以简化为单一方程。

$$\frac{d\sigma_r}{dr} + \frac{\sigma_r - \sigma_\theta}{r} = 0 \qquad (6-2)$$

几何方程：

$$\varepsilon_r = \frac{\partial u_r}{\partial r}$$

$$\varepsilon_\theta = \frac{1}{r}\frac{\partial u_\theta}{\partial r} + \frac{u_r}{r} = \frac{u_r}{r} \qquad (6-3)$$

$$\gamma_{r\theta} = 0$$

式中，ε 为正应变；γ 为剪应变。

Hooke'law 如下：

$$\varepsilon_r = \frac{1}{E}(\sigma_r - \nu\sigma_\theta)$$

$$\qquad (6-4)$$

$$\varepsilon_\theta = \frac{1}{E}(\sigma_\theta - \nu\sigma_r)$$

式中，E 为弹性模型；ν 为泊松比。

将几何方程式(6-3)和 Hooke'law 式(6-4)代入简化的平衡方程式(6-2)中，则有关固体位移的方程表达式：

$$\frac{d^2u}{dr^2}+\frac{1}{r}\frac{du}{dr}-\frac{u}{r^2}+\frac{\alpha}{\lambda_{fr}+2G_{fr}}\frac{dp_f}{dr}=0 \tag{6-5}$$

式中，u 为位移；λ_{fr}，$2G_{fr}$ 分别为材料的 Lame 常数与骨架的剪切模量；p_f 为孔隙压力函数；α 为有效应力系数。

如果孔压恒定不变，那么式（6-5）可简化为：

$$\frac{d^2u}{dr^2}+\frac{1}{r}\frac{du}{dr}-\frac{u}{r^2}=\frac{d}{dr}\left(\frac{du}{dr}+\frac{u}{r}\right)=\frac{d}{dr}\left[\frac{1}{r}\frac{d(ru)}{dr}\right]=0 \tag{6-6}$$

式中，括号内做加法运算的两项分别为径向应变（$\frac{du}{dr}$）和周向应变（$\frac{u}{r}$）。

式（6-6）的通解为：

$$u=C_1r+\frac{C_2}{r} \tag{6-7}$$

式中，C_1、C_2 为积分常数。

用式（6-7）改写的径向应变和周向应变如下：

$$\varepsilon_r=\frac{du}{dr}=C_1-\frac{C_2}{r^2}$$

$$\varepsilon_\theta=\frac{u}{r}=C_1+\frac{C_2}{r^2} \tag{6-8}$$

对于多孔介质岩石，有效径向应力表达式如下：

$$\sigma'_r=(\lambda_{fr}+2G_{fr})\varepsilon_r+\lambda_{fr}\varepsilon_\theta+\lambda_{fr}\varepsilon_z \tag{6-9}$$

平面应变问题中，$\varepsilon_z=0$。将式（6-8）代入式（6-9）中，得到：

$$\sigma_r-\alpha p_f=(2\lambda_{fr}+2G_{fr})C_1-2G_{fr}\frac{C_2}{r^2} \tag{6-10}$$

那么径向应力表达式如下：

$$\sigma_r=C'_1+\frac{C'_2}{r^2} \tag{6-11}$$

利用同样的方法，周向应力表达式如下：

$$\sigma_\theta=C'_1-\frac{C'_2}{r^2} \tag{6-12}$$

应力表达式中存在两个未知的积分常数，需要两个边界条件来求解。边界条件如下：

$$r=R_w:\ \sigma_r=p_w$$

$$r=R_0:\ \sigma_r=\sigma_0 \tag{6-13}$$

式中，p_w 为井内压力；σ_0 为远场地应力。

两个参数 C'_1、C'_2：

$$C'_1=\frac{R_0^2\sigma_0-R_w^2p_w}{R_0^2-R_w^2} \tag{6-14}$$

$$C'_2=\frac{R_0^2R_w^2}{R_0^2-R_w^2}(\sigma_0-p_w) \tag{6-15}$$

则有径向应力与周向应力的表达式：

$$\sigma_r = \frac{R_0^2 \sigma_0 - R_w^2 p_w}{R_0^2 - R_w^2} - \frac{R_0^2}{R_0^2 - R_w^2} \frac{R_w^2}{r^2} (\sigma_0 - p_w)$$

$$\sigma_\theta = \frac{R_0^2 \sigma_0 - R_w^2 p_w}{R_0^2 - R_w^2} + \frac{R_0^2}{R_0^2 - R_w^2} \frac{R_w^2}{r^2} (\sigma_0 - p_w)$$

$$(6-16)$$

6.2.2 非均匀地应力

考虑地应力非均匀时，井周应力分布可以通过分解法求解，不均匀地应力可以分为三部分：球应力 $\frac{1}{2}(\sigma_H + \sigma_h)$、偏应力 $\frac{1}{2}(\sigma_H - \sigma_h)$ 和常孔压，线性叠加后的应力为井周的总应力（图 6-1）。前人的结果基本上都是在无限大厚壁筒模型下得到的。而在本小节中，假设厚壁筒的外边界和渗流外边界相同。

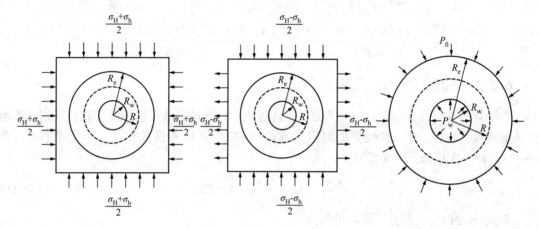

图 6-1 垂直井井周应力分布分解模型

1）球应力部分

球应力部分的结果：

$$\sigma_r = \frac{\sigma_H + \sigma_h}{2} \left[\frac{R_e^2}{R_e^2 - R_w^2} - \frac{R_e^2 R_w^2}{(R_e^2 - R_w^2) r^2} \right]$$

$$\sigma_\theta = \frac{\sigma_H + \sigma_h}{2} \left[\frac{R_e^2}{R_e^2 - R_w^2} + \frac{R_e^2 R_w^2}{(R_e^2 - R_w^2) r^2} \right]$$

$$(6-17)$$

2）偏应力部分

假设厚壁筒的外边界为 R_e，通过半逆解法，求得偏应力部分的结果：

$$\sigma_r = \frac{\sigma_H - \sigma_h}{2} \left[\frac{R_e^2 (R_e^4 + R_e^2 R_w^2 + 4R_w^4)}{(R_e^2 - R_w^2)^3} + \frac{3R_e^4 R_w^4 (R_e^2 + R_w^2)}{(R_e^2 - R_w^2)^3 r^4} - \frac{4R_e^2 R_w^2 (R_e^4 + R_e^2 R_w^2 + R_w^4)}{(R_e^2 - R_w^2)^3 r^2} \right] \cos 2\theta$$

$$\sigma_\theta = -\frac{\sigma_H - \sigma_h}{2} \left[\frac{R_e^2 (R_e^4 + R_e^2 R_w^2 + 4R_w^4)}{(R_e^2 - R_w^2)^3} + \frac{3R_e^4 R_w^4 (R_e^2 + R_w^2)}{(R_e^2 - R_w^2)^3 r^4} - \frac{12R_e^2 R_w^2 r^2}{(R_e^2 - R_w^2)^3} \right] \cos 2\theta$$

$$(6-18)$$

式中，θ 为井周角。

3）定孔隙压力引起的应力

$$\sigma_r = \frac{R_w^2(R_e^2 - r^2)p_w}{r^2(R_e^2 - R_w^2)}$$

$$\tag{6-19}$$

$$\sigma_\theta = -\frac{R_w^2(R_e^2 + r^2)p_w}{r^2(R_e^2 - R_w^2)}$$

4）总井壁围岩应力

$$\sigma_r = \frac{\sigma_H + \sigma_h}{2}\left[\frac{R_e^2}{R_e^2 - R_w^2} - \frac{R_e^2 R_w^2}{(R_e^2 - R_w^2)r^2}\right] + \frac{R_w^2(R_e^2 - r^2)p_w}{r^2(R_e^2 - R_w^2)} +$$

$$\frac{\sigma_H - \sigma_h}{2}\left[\frac{R_e^2(R_e^4 + R_e^2 R_w^2 + 4R_e^4)}{(R_e^2 - R_w^2)^3} + \frac{3R_e^4 R_w^4(R_e^2 + R_w^2)}{(R_e^2 - R_w^2)^3 r^4} - 4\frac{R_e^2 R_w^2(R_e^4 + R_e^2 R_w^2 + 4R_w^4)}{(R_e^2 - R_w^2)^3 r^2}\right]\cos 2\theta$$

$$\tag{6-20}$$

$$\sigma_\theta = \frac{\sigma_H + \sigma_h}{2}\left[\frac{R_e^2}{R_e^2 - R_w^2} + \frac{R_e^2 R_w^2}{(R_e^2 - R_w^2)r^2}\right] - \frac{R_w^2(R_e^2 + r^2)p_w}{r^2(R_e^2 - R_w^2)} -$$

$$\frac{\sigma_H - \sigma_h}{2}\left[\frac{R_e^2(R_e^4 + R_e^2 R_w^2 + 4R_e^4)}{(R_e^2 - R_w^2)^3} + \frac{3R_e^4 R_w^4(R_e^2 + R_w^2)}{(R_e^2 - R_w^2)^3 r^4} - \frac{12R_e^2 R_w^2 r^2}{(R_e^2 - R_w^2)^3}\right]\cos 2\theta$$

6.2.3 渗流引起的井周应力

对于有限导流垂直裂缝高压气井测试生产过程中，孔压沿着径向不断变化，特别是考虑气体加速效应以后，孔压变化更加剧烈。当式（6-5）中孔压不是常数时，对位移平衡方程（6-5）进行一次积分，可改写为：

$$\frac{1}{r}\frac{d}{dr}(ru) + \frac{\alpha}{\lambda_{fr} + 2G_{fr}}p_f = 2C_1$$

$$\tag{6-21}$$

对式（6-21）再次积分，可以得到：

$$u = C_1 r + \frac{C_2}{r} - \frac{\alpha}{\lambda_{fr} + 2G_{fr}}\frac{1}{r}\int_{R_w}^{r} r' dr'$$

$$\tag{6-22}$$

渗流产生的附加压力的边界条件为：

$$r = R_w \quad \sigma_r = 0$$

$$r = R_e \quad \sigma_r = 0$$

设

$$\Delta p_f(r) = p_f(r) - P_e$$

$$\tag{6-23}$$

利用 Hooke'law 和边界条件，则有渗流引起的井周应力场：

$$\sigma_r = \frac{2\eta}{r^2}\left[\int_{R_w}^{r} r'\Delta p(r') dr' - \frac{r^2 - R_w^2}{R_e^2 - R_w^2}\int_{R_w}^{R_e} r'\Delta p(r') dr'\right]$$

$$\tag{6-24}$$

$$\sigma_\theta = 2\eta\Delta p(r) - \frac{2\eta}{r^2}\left[\int_{R_w}^{r} r'\Delta p(r') dr' + \frac{r^2 - R_w^2}{R_e^2 - R_w^2}\int_{R_w}^{R_e} r'\Delta p(r') dr'\right]$$

其中，$\eta = \frac{G_{fr}}{\lambda_{fr} + 2G_{fr}}\alpha = \frac{1 - 2\nu_{fr}}{2(1 - \nu_{fr})}\alpha$。

6.2.4　井周总应力场

对地应力和渗流作用引起的井周应力场进行线性叠加，得到井周总应力场。

$$\sigma_r = \frac{\sigma_H + \sigma_h}{2}\left[\frac{R_e^2}{R_e^2 - R_w^2} - \frac{R_e^2 R_w^2}{(R_e^2 - R_w^2)r^2}\right] + \frac{R_w^2(R_e^2 - r^2)p_w}{r^2(R_e^2 - R_w^2)} +$$

$$\frac{\sigma_H - \sigma_h}{2}\left[\frac{R_e^2(R_e^4 + R_e^2 R_w^2 + 4R_e^4)}{(R_e^2 - R_w^2)^3} + \frac{3R_e^4 R_w^4(R_e^2 + R_w^2)}{(R_e^2 - R_w^2)^3 r^4}\right.$$

$$\left. - 4\frac{R_e^2 R_w^2(R_e^4 + R_e^2 R_w^2 + 4R_w^4)}{(R_e^2 - R_w^2)^3 r^2}\right]\cos2\theta$$

$$+ \frac{2\eta}{r^2}\left[\int_{R_w}^{r} r'\Delta p(r')\mathrm{d}r' - \frac{r^2 - R_w^2}{R_e^2 - R_w^2}\int_{R_w}^{R_e} r'\Delta p(r')\mathrm{d}r'\right] \quad (6\text{-}25)$$

$$\sigma_\theta = \frac{\sigma_H + \sigma_h}{2}\left[\frac{R_e^2}{R_e^2 - R_w^2} + \frac{R_e^2 R_w^2}{(R_e^2 - R_w^2)r^2}\right] - \frac{R_w^2(R_e^2 + r^2)p_w}{r^2(R_e^2 - R_w^2)}$$

$$- \frac{\sigma_H - \sigma_h}{2}\left[\frac{R_e^2(R_e^4 + R_e^2 R_w^2 + 4R_w^4)}{(R_e^2 - R_w^2)^3} + \frac{3R_e^4 R_w^4(R_e^2 + R_w^2)}{(R_e^2 - R_w^2)^3 r^4} - \frac{12R_e^2 R_w^2 r^2}{(R_e^2 - R_w^2)^3}\right]\cos2\theta$$

$$+ 2\eta\Delta p(r) - \frac{2\eta}{r^2}\left[\int_{R_w}^{r} r'\Delta p(r')\mathrm{d}r' + \frac{r^2 - R_w^2}{R_e^2 - R_w^2}\int_{R_w}^{R_e} r'\Delta p(r')\mathrm{d}r'\right]$$

6.2.5　大斜度井的井壁围岩应力

深部地层受三向主地应力作用，上覆地应力 σ_v，水平最大主地应力 σ_H 和水平最小地应力 σ_h。选取坐标系(1，2，3)分别与主地应力 σ_H，σ_h，σ_v 方向一致。为了方便起见，建立直角坐标系$(x，y，z)$和柱坐标系$(r，\theta，z)$，其中 oz 轴对应于井轴，ox 和 oy 位于与井轴垂直的平面之中。

为了建立$(x，y，z)$坐标与(1，2，3)坐标之间的转换关系，将(1，2，3)坐标按以下方式旋转(图6-2)：

（1）先将坐标(1，2，3)以 3 为轴，按右手定则旋转角 Ω，变为$(x_1，y_1，z_1)$坐标。Ω 为井斜方位与水平最大主地应力方位的夹角

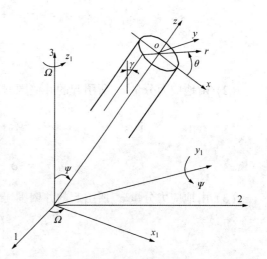

图6-2　斜井井轴的坐标变换

（即：斜井方位角），井斜方位是大位移井井眼轴线在水平面的投影迹线与正北方向的夹角，水平最大主地应力方位是该地应力方向与正北方向的夹角。

（2）再将坐标$(x_1，y_1，z_1)$以 y_1 为轴，按右手定则旋转角 Ψ，变为$(x，y，z)$坐标。Ψ 为井斜角，指的是大位移井井眼轴线与铅垂线的夹角。

主地应力坐标系(1，2，3)按图 6-2 所示旋转到坐标系(x，y，z)并得到如下应力转换关系：

$$\begin{bmatrix} \sigma_{xx} & \sigma_{xy} & \sigma_{xz} \\ \sigma_{yx} & \sigma_{yy} & \sigma_{yz} \\ \sigma_{zx} & \sigma_{zy} & \sigma_{zz} \end{bmatrix} = [L] \begin{bmatrix} \sigma_H & & \\ & \sigma_h & \\ & & \sigma_v \end{bmatrix} [L]^T$$

其中：

$$L = \begin{bmatrix} \cos\Psi\cos\Omega & \cos\Psi\sin\Omega & -\sin\Psi \\ -\sin\Omega & \cos\Omega & 0 \\ \sin\Psi\cos\Omega & \sin\Psi\sin\Omega & \cos\Psi \end{bmatrix}$$

或者可写为：

$$\sigma_{xx} = \sigma_H\cos^2\Psi\cos^2\Omega + \sigma_h\cos^2\Psi\sin^2\Omega + \sigma_v\sin^2\Psi$$

$$\sigma_{yy} = \sigma_H\sin^2\Omega + \sigma_h\cos^2\Omega$$

$$\sigma_{zz} = \sigma_H\sin^2\Psi\cos^2\Omega + \sigma_h\sin^2\Psi\sin^2\Omega + \sigma_v\cos^2\Psi$$

$$\sigma_{xy} = -\sigma_H\cos\Psi\cos\Omega\sin\Omega + \sigma_h\cos\Psi\cos\Omega\sin\Omega$$

$$\sigma_{xz} = \sigma_H\cos\Psi\sin\Psi\cos^2\Omega + \sigma_h\cos\Psi\sin\Psi\sin^2\Omega - \sigma_v\sin\Psi\cos\Psi$$

$$\sigma_{yz} = -\sigma_H\sin\Psi\cos\Omega\sin\Omega + \sigma_h\sin\Psi\cos\Omega\sin\Omega$$

（1）由地应力分量 σ_{xy} 所引起的井壁围岩应力分布为：

$$\sigma_r = \sigma_{xy}\left(1 + \frac{3R^4}{r^4} - \frac{4R^2}{r^2}\right)\sin2\theta$$

$$\sigma_\theta = -\sigma_{xy}\left(1 + \frac{3R^4}{r^4}\right)\sin2\theta$$

$$\sigma_{r\theta} = \sigma_{xy}\left(1 - \frac{3R^4}{r^4} + \frac{2R^2}{r^2}\right)\cos2\theta$$

（2）由地应力分量 σ_{xz} 所引起的井壁围岩应力分布为：

$$\sigma_{rz} = \sigma_{xz}\left(1 - \frac{R^2}{r^2}\right)\cos\theta$$

$$\sigma_{\theta z} = -\sigma_{xz}\left(1 + \frac{R^2}{r^2}\right)\sin\theta$$

（3）由地应力分量 σ_{yz} 所引起的井壁围岩应力分布为：

$$\sigma_{rz} = \sigma_{yz}\left(1 - \frac{R^2}{r^2}\right)\sin\theta$$

$$\sigma_{\theta z} = \sigma_{yz}\left(1 + \frac{R^2}{r^2}\right)\cos\theta$$

σ_{xx}，σ_{yy}，σ_{zz} 所引起的井壁围岩应力分布与直井的相同，线性叠加后，井壁围岩应力分布的表达式：

$$\sigma_r = \frac{R^2}{r^2}p_w + \frac{(\sigma_{xx} + \sigma_{yy})}{2}\left(1 - \frac{R^2}{r^2}\right) + \frac{(\sigma_{xx} - \sigma_{yy})}{2}\left(1 + \frac{3R^4}{r^4} - \frac{4R^2}{r^2}\right)\cos2\theta$$

$$+\sigma_{xy}\left(1+\frac{3R^4}{r^4}-\frac{4R^2}{r^2}\right)\sin2\theta+\delta\left[\frac{\alpha(1-2\upsilon)}{2(1-\upsilon)}\left(1-\frac{R^2}{r^2}\right)-\phi\right](p_w-p_0)$$

$$\sigma_\theta=-\frac{R^2}{r^2}p_w+\frac{(\sigma_{xx}+\sigma_{yy})}{2}\left(1+\frac{R^2}{r^2}\right)-\frac{(\sigma_{xx}-\sigma_{yy})}{2}\left(1+\frac{3R^4}{r^4}\right)\cos2\theta$$

$$-\sigma_{xy}\left(1+\frac{3R^4}{r^4}\right)\sin2\theta+\delta\left[\frac{\alpha(1-2\upsilon)}{2(1-\upsilon)}\left(1-\frac{R^2}{r^2}\right)-\phi\right](p_w-p_0)$$

$$\sigma_z=\sigma_{zz}+\upsilon\left[\sigma_{xx}+\sigma_{yy}-2(\sigma_{xx}-\sigma_{yy})\left(\frac{R}{r}\right)^2\cos2\theta+4\sigma_{xy}\sin2\theta\right]+\delta\left[\frac{\alpha(1-2\upsilon)}{1-\upsilon}-\phi\right](p_w-p_0)$$

$$\sigma_{r\theta}=\sigma_{xy}\left(1-\frac{3R^4}{r^4}+\frac{2R^2}{r^2}\right)\cos2\theta$$

$$\sigma_{\theta z}=\sigma_{yz}\left(1+\frac{R^2}{r^2}\right)\cos\theta-\sigma_{xz}\left(1+\frac{R^2}{r^2}\right)\sin\theta$$

$$\sigma_{zr}=\sigma_{xz}\left(1-\frac{R^2}{r^2}\right)\cos\theta+\sigma_{yz}\left(1-\frac{R^2}{r^2}\right)\sin\theta$$

式中，σ_r，σ_θ，σ_z，$\sigma_{r\theta}$，$\sigma_{\theta z}$，σ_{rz} 为柱坐标中的应力分量；σ_{xx}，σ_{yy}，σ_{zz}，σ_{xy}，σ_{xz}，σ_{yz} 为直角坐标中的应力分量；p_w 为井内液柱压力；r 为极坐标半径；R 为井眼半径；θ 为井周角（相对于 x 轴）；α 为有效应力系数；υ 为泊松比；ϕ 为孔隙度；p_0 为孔隙压力；δ 为井壁不可渗透时为0、井壁渗透时为1。

当 $r=R$ 时井壁上应力分量可表示为：

$$\sigma_r=p_w-\delta\phi(p_w-p_0)$$
$$\sigma_\theta=A\sigma_h+B\sigma_H+C\sigma_v+(K_1-1)p_w-K_1p_0$$
$$\sigma_z=D\sigma_h+E\sigma_H+F\sigma_v+K_1(p_w-p_0)$$
$$\sigma_{\theta z}=G\sigma_h+H\sigma_H+J\sigma_v$$
$$\sigma_{r\theta}=\sigma_{rz}=0$$

式中：

$$A=\cos\Psi\{\cos\Psi(1-2\cos2\theta)\sin^2\Omega+2\sin2\Omega\sin2\theta\}+(1+2\cos2\theta)\cos^2\Omega$$
$$B=\cos\Psi\{\cos\Psi(1-2\cos2\theta)\cos^2\Omega-2\sin2\Omega\sin2\theta\}+(1+2\cos2\theta)\sin^2\Omega$$
$$C=(1-2\cos2\theta)\sin^2\Psi$$
$$D=\sin^2\Omega\sin^2\Psi+2\upsilon\sin2\Omega\cos\Psi\sin2\theta+2\upsilon\cos2\theta(\cos^2\Omega-\sin^2\Omega\cos^2\Psi)$$
$$E=\cos^2\Omega\sin^2\Psi-2\upsilon\sin2\Omega\cos\Psi\sin2\theta+2\upsilon\cos2\theta(\sin^2\Omega-\cos^2\Omega\cos^2\Psi)$$
$$F=\cos^2\Psi-2\upsilon\sin^2\Psi\cos2\theta$$
$$G=-(\sin2\Omega\sin\Psi\cos\theta+\sin^2\Omega\sin2\Psi\sin\theta)$$
$$H=\sin2\Omega\sin\Psi\cos\theta-\cos^2\Omega\sin2\Psi\sin\theta$$
$$J=\sin2\Psi\sin\theta$$
$$K_1=\delta\left[\frac{\alpha(1-2\upsilon)}{1-\upsilon}-\phi\right]$$

式中，σ_v 为垂向应力；σ_H，σ_h 为水平最大、最小地应力；Ψ 为井斜角（与垂向的夹角）；Ω 为相对于最大水平地应力的井斜方位；K_1 为渗流效应系数；A，B，C，$\cdots$，J 为坐标变换系数。

6.3 各向异性地层岩石破坏准则

钻进储层时发生的井壁失稳事故和地层强度上的各向异性性质密切相关，研究这类地层的井壁失稳机理的关键之一是确定强度特性。用于地层各向异性强度的破坏准则主要有以下几种，即：Walsh-Brace 在 Griffith 拉伸破坏模型基础上建立起来的拉伸破坏准则；Jaeger 在 Mohr-Coulomb 准则基础上建立的单一弱面剪切破坏准则；Jaeger 对弱面模型的进一步发展形成的黏聚力连续变化剪切强度准则；以及 R. T. McLamore 在大量实验的基础上给出的黏聚力和内摩擦角连续变化剪切破坏准则。上述破坏准则都是建立在室内三轴试验的基础上的，由于试验室条件下，岩心所受中间主应力与最小主应力相等，因此上述强度准则中都没有考虑中间应力的影响。

1）Walsh-Brace 各向异性拉伸破坏准则

Walsh-Brace 理论假设微裂隙以裂缝面相互平行的方式，在一个方向上随机的分布在岩体中的，并假设岩体的破坏是由拉伸破坏引起的。岩体中的长裂隙和短裂隙在较低的应力状态下就可以闭合，这样裂缝既能传递正应力也能传递剪应力。假设当裂缝顶端的局部拉应力超过岩石材料的拉伸强度时破裂开始发生。Walsh-Brace 假设破裂既可以通过长裂隙的扩展诱发，又可以通过短裂隙的扩展诱发，这依赖于长裂隙系统与外加应力之间的方向。方向随机分布的小裂隙，在任意围压下破裂的准则为：

$$(\sigma_1 - \sigma_3)_s = C_{OS} + \frac{2\mu_s \sigma_1}{(1 + \mu_s^2)^{1/2} - \mu_s} \tag{6-26}$$

式中，C_{OS} 是短裂隙在零围压下的抗压强度；μ_s 是短裂隙的摩擦系数。如果破裂是长裂隙系统扩展的结果，长裂隙方向与 σ_1 的夹角为 β，则在任意围压 σ_3 下，发生破裂的应力 $(\sigma_1 - \sigma_3)$ 由下式给出：

$$(\sigma_1 - \sigma_3)_L = \frac{C_{OL}[(1 + \mu_L^2)^{1/2} - \mu_L] + 2\mu_L \sigma_3}{2\sin\beta\cos\beta(1 - \mu_L\tan\beta)} \tag{6-27}$$

式中，C_{OL} 是临界 β 角下长裂隙零围压下的抗压强度；μ_L 是长裂隙的摩擦系数。

为评估这一准则，必须确定 C_{OS}、C_{OL}、μ_s、μ_L 这四个参数。其中，C_{OS} 可以通过测 β 分别为 0°和 90°时岩心在零围压下的单轴抗压强度确定，C_{OL} 可以通过改变 β 时零围压下的最小单轴抗压强度确定，一般情况下 β 在 30°左右时零围压下的单轴抗压强度最小。摩擦系数 μ_s、μ_L 要通过一系列给定 β 改变围压的试验获得。

当 C_{OS}、C_{OL}、μ_s、μ_L 这四个参数确定后，利用式（6-26）和式（6-27）计算不同围压及 β 下的 $(\sigma_1 - \sigma_3)_s$ 和 $(\sigma_1 - \sigma_3)_L$ 值，两者进行比较，其中的较小者既为岩体的强度。

2）单一弱面剪切破坏准则

与 Walsh-Brace 准则相反，Jaeger 提出的单一弱面强度理论假设岩体破坏形式为剪切破坏。这一准则是对众所周知的 Mohr-Coulomb 准则的推广，描述的是各向同性岩体中存在一条或一组平行的弱面时的破坏准则。其中，岩石基体的破坏用下式来描述：

$$\tau = \tau_o - \sigma\tan\phi \tag{6-28}$$

式中，σ 为破坏面上的正应力；τ 为破坏面上的剪应力；τ_o 为岩石基体的黏聚力；ϕ 为岩石基体的内摩擦角。

沿弱面的破坏为：

$$\tau = \tau'_\text{o} - \sigma \tan\phi' \tag{6-29}$$

式中，σ 为弱面上的正应力；τ 为弱面上的剪应力；τ'_o 为弱面的黏聚力；ϕ' 为弱面的内摩擦角。

应用莫尔圆将破坏面及弱面上的应力转化为主应力 σ_1、σ_3 的表达形式，可以推导得出主应力表达的单一弱面破坏准则，其中岩石基体的破坏由下式描述：

$$(\sigma_1 - \sigma_3) = C_\text{o} + \frac{2\sigma_3 \tan\phi}{\sqrt{\tan^2\phi + 1} - \tan\phi} \tag{6-30}$$

式中，C_o 为岩石基体的单轴抗压强度。

沿弱面的破坏由下式描述：

$$(\sigma_1 - \sigma_3) = \frac{2\tau'_\text{o} - 2\sigma_3 \tan\phi'}{\tan\phi'(1 - \cos2\beta) - \sin2\beta} \tag{6-31}$$

式中，β 为弱面与 σ_1 之间的夹角。

同 Walsh-Brace 准则相似，评估单一弱面剪切破坏准则，也要确定四个参数，即 τ_o、ϕ、τ'_o、ϕ'，当这四个参数确定后，计算不同围压及 β 下的 $(\sigma_1 - \sigma_3)$ 值，并取两者之中的小值。

3）黏聚力连续变化的单一弱面破坏准则

剪切强度连续变化准则同样是由 Jaeger 提出的，这一准则建立在线性 Mohr-Coulomb 准则的基础之上。这一准则假设材料的黏聚力是 β 的连续函数，并假设具有如下形式：

$$\tau_\text{o} = A - B\cos2(\alpha - \beta) \tag{6-32}$$

式中，A、B 为常数；α 等于 τ_o 最小时的 β 角。

黏聚力连续变化的单一弱面破坏准则为：

$$(\sigma_1 - \sigma_3) = \frac{2[A - B\cos2(\alpha - \beta)] + 2\sigma_3 \tan\phi}{\tan\phi - \sqrt{1 + \tan^2\phi}} \tag{6-33}$$

由式（6-33）可知，为确定黏聚力连续变化的单一弱面破坏准则也需要确定四个参数，即 A、B、α、ϕ。

4）黏聚力和内摩擦角连续变化的单一弱面破坏准则

黏聚力和内摩擦角连续变化的单一弱面破坏准则是 R. T. McLamore 于 1967 年在大量实验研究的基础上提出的。他以石油工程经常遇到的页理、层理性地层为研究对象，通过系统的试验研究了这类具有单一弱面结构地层的破坏准则问题。实验是在常规三轴实验机上进行的，实验围压在 1000~40000psi，实验过程中保持孔隙压力不变。在其研究中发现这类地层有三种可能的变形破坏形式：①沿片理面或层理面的剪切破坏；②沿片理面或层理面的塑性滑移；③片状岩石在高载荷作用下弯曲失稳。

他将实验结果与上面提到的三种破坏准则进行对比发现，Walsh-Brace 各向异性拉伸破坏准则和单一弱面剪切破坏准则只适用于层理性地层，而黏聚力连续变化的单一弱面破坏准则只是能在有限的弱面与轴压夹角范围内描述页理地层的破坏强度，并且在对 Walsh-Brace 准则和单一弱面剪切破坏准则的对比中发现，虽然 Walsh-Brace 准则描述的是拉伸破坏，单一弱面剪切破坏描述的是剪切破坏，但这两种准则的应用效果是一致的。

通过对实验地层特性的研究，R. T. McLamore 指出上述三种准则适用性的差异是由引起地层各向异性的机制不同而造成的。为了建立一个能同时描述不同各向异性机制下单一弱面地层的破坏准则，R. T. McLamore 以 Jaeger 黏聚力连续变化单一弱面破坏准则为基础，建立了黏聚力和内摩擦角同时连续变化的经验模型，并依此作为单一弱面地层的破坏准则，这一模型和实验结果的吻合程度很高。

这一模型的具体形式为：

$$\tau = \tau_o(\beta) - \sigma \tan[\phi(\beta)] \tag{6-34}$$

式中，$\tau_o(\beta)$、$\phi(\beta)$ 表示黏聚力和内摩擦角是主应力 σ_1 与弱面之间夹角 β 的函数，具体形式需要由试验确定。

式（6-34）写成主应力的形式为：

$$(\sigma_1 - \sigma_3) = \frac{\tau_o - 2\sigma_3 \tan\phi}{\tan\phi - \sqrt{\tan^2\phi + 1}} \tag{6-35}$$

式中：

$$\tau_o = A_1 - B_1 [\cos 2(\alpha - \beta)]^n, \quad 0° \leqslant \beta \leqslant \alpha$$
$$\tau_o = A_2 - B_2 [\cos 2(\alpha - \beta)]^n, \quad \alpha < \beta \leqslant 90°$$
$$\tan\phi = C_1 - D_1 [\cos 2(\alpha' - \beta)]^m, \quad 0° \leqslant \beta \leqslant \alpha'$$
$$\tan\phi = C_2 - D_2 [\cos 2(\alpha' - \beta)]^m, \quad \alpha' < \beta \leqslant 90°$$

其中，A_1、B_1、A_2、B_2、α、α'、C_1、D_1、C_2、D_2 是试验确定的常数，n、m 是由试验取得定的整数。

虽然 R. T. McLamore 提出的黏聚力和内摩擦角连续变化准则对于各种类型的单一弱面问题都适用，但模型中有 12 个未知参数，如果在实际应用中不做适当的简化，应用起来比较繁琐。

6.4　泥页岩井壁完整性问题

对于钻井工程中泥页岩水化井壁稳定性问题，由温度所引起的孔隙压力变化非常重要。温度的变化会导致孔隙内部流体热量的变化，对于泥页岩而言，由于其渗透性较低，热量使孔隙流体膨胀而不能及时扩散，由此便导致了孔隙压力变化，地下岩石所受应力状态也相应地发生改变。因此，了解温度对泥页岩所受应力状态的影响对井壁稳定分析尤为重要。

1）热孔隙弹性基本定律

线性热弹性基本定律的定义为：

$$\varepsilon_{ij} = C_{ijkl}\sigma_{kl} + B_{ij}p + \alpha_{ij}\Delta\theta \tag{6-36}$$
$$\Delta\phi = B_{kl}\sigma_{kl} + Dp + \alpha'\Delta\theta \tag{6-37}$$

式中，

$$C_{ijkl} = \frac{1}{4G}\left(\delta_{ik}\delta_{ij} + \delta_{il}\delta_{jk} - \frac{2\nu}{1+\nu}\delta_{ij}\delta_{kl}\right);$$

$$B_{ij} = \frac{3(\nu_u - \nu)}{2GB(1+\nu)(1+\nu_u)}; \quad \alpha_{ij} = \frac{\alpha_m}{3}\delta_{ij}; \quad \alpha' = \phi_0\alpha_m;$$

$$D = \frac{1}{B}\left(\frac{1}{K} - \frac{1}{K'_s}\right) - \frac{\phi_0}{K_f}; \quad K = \frac{2G(1+\nu)}{3(1-2\nu)}$$

式中，$\Delta\phi$ 为孔隙度变化；ϕ_0 为初始孔隙度；G 剪切模量；ν 泊松比；K 体积模量；K_f 孔隙流体体积模量；C_{ijkl} 材料常数；α 孔隙基质线性热扩散系数；α' 孔隙中体积热扩散系数；α_m 孔隙基质体积热扩散系数；$\Delta\theta$ 温度变化；

一般：$0<B\leqslant1$；$0<\nu<\nu_u\leqslant0.5$

流体质量变化可表示为：

$$m = \Delta\phi\rho_0 + \phi_0\Delta\rho \tag{6-38}$$

孔隙流体压力-密度-温度曲线线性方程：

$$\Delta\rho/\rho_0 = p/K_f - \alpha_f\Delta\theta \tag{6-39}$$

式中，α_f 为孔隙中流体体积热扩散系数。

平衡方程：

若无体积力，平衡方程可表示为：

$$\sigma_{ij,j} = 0 \tag{6-40}$$

流体质量守恒方程：

$$\frac{\partial m}{\partial t} + q_{j,j} = 0 \tag{6-41}$$

能量守恒方程：

$$\rho C_p\frac{\partial\Delta\theta}{\partial t} = -h_{i,i} - (Hq_i)_{,i} \tag{6-42}$$

流动定律：

Darcy 定律-流体流动：

$$q_i = -\rho_0\kappa_{ij}p_{,j} \tag{6-43}$$

Fick 定律-热量流动：

$$h_i = -\bar{\kappa}_{ij}\Delta\theta_{,j} \tag{6-44}$$

式中，q_i 和 h_i 分别表示流体流动和热量流动。若为均质岩石，渗透率 κ_{ij} 和热传导率 $\bar{\kappa}_{ij}$ 可简化为：

$$\kappa_{ij} = \kappa\delta_{ij}$$
$$\bar{\kappa}_{ij} = \bar{\kappa}\delta_{ij} \tag{6-45}$$

为了简化推导，可假设岩石为均质的。

2）热孔隙弹性孔隙压力分布

由各参数及式(6-37)可得到本构方程：

$$\sigma_{ij} = 2G\left[\varepsilon_{ij} + \frac{\nu}{1-2\nu}\varepsilon_{kk}\delta_{ij}\right] + \frac{3(\nu_u-\nu)}{B(1-2\nu)(1+\nu_u)}p\delta_{ij} + \frac{2G\alpha_m(1+\nu)}{3(1-2\nu)}\Delta\theta\delta_{ij} \tag{6-46}$$

应变可用位移表示：

$$\varepsilon_{ij} = \frac{1}{2}(u_{i,j} + u_{j,i}) \tag{6-47}$$

令 $i=j$，并将应变代入平衡方程，得到纳维方程

$$\nabla^2 u_i + \frac{1}{1-2\nu}u_{k,ki} - \frac{\alpha}{G}p_{,i} + \frac{2\alpha_m(1+\nu)}{3(1-2\nu)}\Delta\theta_{,i} = 0 \tag{6-48}$$

继续简化 ε_{kk}，另 $i=j$，本构方程可表示为：

$$\left[\sigma_{ii}-\frac{2(1-2\nu)}{1-\nu}\alpha p-\frac{4G\alpha_m(1+\nu)}{3(1-\nu)}\Delta\theta\right]_{,jj}=0 \tag{6-49}$$

由各参数及式(6-37)，孔隙流体质量变化可表示为：

$$\Delta m=m-m_0=-\frac{3\rho_o(\nu_u-\nu)}{2GB(1+\nu)(1+\nu_u)}\left[\sigma_{kk}-\frac{3}{B}p\right]-\rho_o\phi_0(\alpha_f-\alpha_m)\Delta\theta \tag{6-50}$$

联合以上两式可得：

$$p_{,jj}=\frac{3GB^2(1+\nu_u)^2(1-\nu)}{9\rho_0(\nu_u-\nu)(1-\nu_u)}\times\left\{\Delta m_{,jj}+\rho_0\left[\frac{2\alpha_m(\nu_u-\nu)}{B(1+\nu_u)(1-\nu)}+\phi_0(\alpha_f-\alpha_m)\right]\Delta\theta_{,jj}\right\} \tag{6-51}$$

将式(6-41)代入上式得：

$$\frac{\partial\Delta m}{\partial t}=c\left\{\Delta m_{,jj}+\rho_0\left[\frac{2\alpha_m(\nu_u-\nu)}{B(1+\nu_u)(1-\nu)}+\phi_0(\alpha_f-\alpha_m)\right]\Delta\theta_{,jj}\right\} \tag{6-52}$$

式中流体质量分散系数 c 定义为：

$$c=\frac{2\kappa GB^2(1+\nu_u)^2(1-\nu)}{9(\nu_u-\nu)(1-\nu_u)} \tag{6-53}$$

由 Fourier 定律和能量守恒定律可推导出含孔隙压力的温度分布方程：

$$\frac{\partial\Delta\theta}{\partial t}=c_0\Delta\theta_{,jj}+c'_0(\Delta\theta p_{,j})_{,j} \tag{6-54}$$

温度分散系数 c_0 和热量流动系数 c'_0 分别定义为：

$$c_0=\frac{\kappa}{\rho^T C^T}$$
$$c'_0=\frac{\kappa}{\phi_0} \tag{6-55}$$

由本构方程(6-46)和纳维方程(6-48)结合孔隙压力可得

$$\frac{\partial p}{\partial t}=cp_{,jj}+c'\frac{\partial\Delta\theta}{\partial t} \tag{6-56}$$

因此，在温度 θ 到 T 内，用极坐标可表达为

$$\frac{\partial T}{\partial t}=c_0\left(\frac{\partial^2 T}{\partial r^2}+\frac{1}{r}\frac{\partial T}{\partial r}\right)+c'_0\left[\frac{\partial T}{\partial r}\frac{\partial p}{\partial r}+T\left(\frac{\partial^2 p}{\partial r^2}+\frac{1}{r}\frac{\partial p}{\partial r}\right)\right]$$
$$\frac{\partial p}{\partial t}=c\left(\frac{\partial^2 p}{\partial r^2}+\frac{1}{r}\frac{\partial p}{\partial r}\right)+c'\frac{\partial T}{\partial t} \tag{6-57}$$

引入如下无级变量

$$T_d=\frac{T}{T_0},\ \ p_d=\frac{p}{p_0},\ \ r_d=\frac{r}{r_0},\ \ t_d=\frac{ct}{r_0^2} \tag{6-58}$$

温度和孔隙压力方程又可表达为：

$$\frac{\partial T_d}{\partial t_d}=A_0\left(\frac{\partial^2 T_d}{\partial r_d^2}+\frac{1}{r_d}\frac{\partial T_d}{\partial r_d}\right)+A'_0\left[\frac{\partial T_d}{\partial r_d}\frac{\partial p_d}{\partial r_d}+T\left(\frac{\partial^2 p_d}{\partial r_d^2}+\frac{1}{r_d}\frac{\partial p_d}{\partial r_d}\right)\right]$$
$$\frac{\partial p_d}{\partial t_d}=\left(\frac{\partial^2 p_d}{\partial r_d^2}+\frac{1}{r_d}\frac{\partial p_d}{\partial r_d}\right)+A'\frac{\partial T_d}{\partial t_d} \tag{6-59}$$

式中，

$$A_0 = \frac{c_0}{c}$$

$$A'_0 = \frac{c'_0}{c} p_0 = \frac{9 p_0 (\nu_u - \nu)(1 - \nu_u)}{2 G B^2 \phi_0 (1 + \nu_u)^2 (1 - \nu)}$$

$$A' = \frac{T_0}{p_0} c' = \frac{G T_0}{p_0} \left[\frac{2 \alpha_m (\nu_u - \nu)}{B(1 + \nu_u)(1 - \nu)} + \phi_0 (\alpha_f - \alpha_m) \right] \frac{2 B^2 (1 + \nu_u)^2 (1 - \nu)}{9 (\nu_u - \nu)(1 - \nu_u)}$$

(6-60)

对于泥页岩，系数 c' 远远小于 c_0，因此式（6-57）可简化为

$$\frac{\partial T}{\partial t} = c_0 \left(\frac{\partial^2 T}{\partial r^2} + \frac{1}{r} \frac{\partial T}{\partial r} \right)$$

$$\frac{\partial p}{\partial t} = c \left(\frac{\partial^2 p}{\partial r^2} + \frac{1}{r} \frac{\partial p}{\partial r} \right) + c' \frac{\partial T}{\partial t}$$

(6-61)

已知初始边界条件为

$$p(r, 0) = p_0$$
$$p(\infty, t) = p_0$$
$$p(r_w, t \geq 0) = p_{\pi w} = p_w - p_\pi$$
$$T(r, 0) = T_0$$
$$T(\infty, t) = T_0$$
$$T(r_w, t) = T_w(t)$$
$$p^f(r, 0) = 0$$
$$p^f(\infty, t) = 0$$
$$p^f(r_w, t \geq 0) = p_{\pi w} - p_0 = p_w - p_\pi - p_0$$
$$T^f(r, 0) = 0$$
$$T^f(\infty, t) = 0$$
$$T^f(r_w, t) = T_w(t) - T_0$$

(6-62)

方程（6-60）又可写为：

$$\frac{\partial T_d}{\partial t_d} = A_0 \left(\frac{\partial^2 T_d}{\partial r_d^2} + \frac{1}{r_d} \frac{\partial T_d}{\partial r_d} \right)$$

$$\frac{\partial p_d}{\partial t_d} = \left(\frac{\partial^2 p_d}{\partial r_d^2} + \frac{1}{r_d} \frac{\partial p_d}{\partial r_d} \right) + A' \frac{\partial T_d}{\partial t_d}$$

(6-63)

初始边界条件为：

$$p_d(r_d, 0) = 1$$
$$p_d(\infty, t_d) = 1$$
$$p_d(1, t_d \geq 0) = \frac{p_{\pi w}}{p_0} = \frac{p_w - p_p}{p_0}$$
$$T_d(1, t_d) = \frac{T_w(t)}{T_0}$$

$$T_d(\infty, \ t_d) = 1$$

$$T_d(r_d, \ 0) = 1$$

$$p_d{}^f(r_d, \ 0) = 0$$

$$p_d{}^f(\infty, \ t_d) = 0$$

$$p_d{}^f(1, \ t_d \geqslant 0) = \frac{p_{\pi w} - p_0}{p_0} = \frac{p_w - p_\pi - p_0}{p_0} \tag{6-64}$$

$$T_d{}^f(r_d, \ 0) = 0$$

$$T_d{}^f(\infty, \ t_d) = 0$$

$$T_d{}^f(1, \ t_d) = \frac{T_w(t) - T_0}{T_0}$$

井壁围岩连续温度的近似解为：

$$T(r, \ t) = T_0 + (T_w - T_0) \left[1 + \frac{2}{\pi} \int_0^\infty e^{-c_0 \xi^2 t} \frac{J_0(\xi r) \, Y_0(\xi r_w) - J_0(\xi r_w) \, Y_0(\xi r)}{J_0{}^2(\xi r_w) \, Y_0{}^2(\xi r_w)} \frac{\mathrm{d}\xi}{\xi} \right] \tag{6-65}$$

解析解可简化表达为：

$$T(r, \ t) = T_0 + (T_w - T_0) \sqrt{\frac{r_w}{r}} \, \mathrm{erfc} \left(\frac{r - r_w}{2\sqrt{c_0 t}} \right) \tag{6-66}$$

如果将井筒瞬时温度近似成边界条件参数，近似解和解析解如下式所示，可计算井壁围岩温度：

$$T(r, \ t) = T_0 + [T_{wt}(t) - T_0] \left[1 + \frac{2}{\pi} \int_0^\infty e^{-c_0 \xi^2 t} \frac{J_0(\xi r) \, Y_0(\xi r_w) - J_0(\xi r_w) \, Y_0(\xi r)}{J_0{}^2(\xi r_w) \, Y_0{}^2(\xi r_w)} \frac{\mathrm{d}\xi}{\xi} \right]$$

$$T(r, \ t) = T_0 + [T_{wt}(t) - T_0] \sqrt{\frac{r_w}{r}} \, \mathrm{erfc} \left(\frac{r - r_w}{2\sqrt{c_0 t}} \right)$$

$$\tag{6-67}$$

由边界条件式(6-62)可得近似孔隙压力解：

$$p(r, \ t) - p_0 = \left((p_{\pi w} - p_0) - \frac{c'(T_w(t) - T_0)}{1 - c/c_0} \right) \times$$

$$\left[1 + \frac{2}{\pi} \int_0^\infty e^{-c_0 \xi^2 t} \frac{J_0(\xi r) \, Y_0(\xi r_w) - J_0(\xi r_w) \, Y_0(\xi r)}{J_0{}^2(\xi r_w) \, Y_0{}^2(\xi r_w)} \frac{\mathrm{d}\xi}{\xi} \right] + \frac{c'(T_w(t) - T_0)}{1 - c/c_0} \times$$

$$\left[1 + \frac{2}{\pi} \int_0^\infty e^{-c_0 \xi^2 t} \frac{J_0(\xi r) \, Y_0(\xi r_w) - J_0(\xi r_w) \, Y_0(\xi r)}{J_0{}^2(\xi r_w) \, Y_0{}^2(\xi r_w)} \frac{\mathrm{d}\xi}{\xi} \right]$$

$$\tag{6-68}$$

上式又可简化为：

$$p(r, \ t) = p_0 + (p_{\pi w} - p_0) \sqrt{\frac{r_w}{r}} \, \mathrm{erfc} \left(\frac{r - r_w}{2\sqrt{ct}} \right) -$$

$$\frac{c'(T_w(t) - T_0)}{1 - c/c_0} \sqrt{\frac{r_w}{r}} \left[\mathrm{erfc} \left(\frac{r - r_w}{2\sqrt{ct}} \right) - \mathrm{erfc} \left(\frac{r - r_w}{2\sqrt{c_0 t}} \right) \right]$$

$$\tag{6-69}$$

上式可计算短期内由于温度所引起的附加孔隙压力，在等温条件下无孔隙压力变化。

由孔隙压力和地下岩石温度的改变所引起的岩石应力分布分别可写为：

$$\sigma_{rr} = \frac{\alpha(1-2\nu)}{1-\nu} \frac{1}{r^2} \int_{r_w}^{r} p^f(r,\ t)\,r\mathrm{d}r + \frac{E\alpha_m}{3(1-\nu)} \frac{1}{r^2} \int_{r_w}^{r} T^f(r,\ t)\,r\mathrm{d}r + \frac{r_w^2}{r^2}p_w$$

$$\sigma_{\theta\theta} = -\frac{\alpha(1-2\nu)}{1-\nu}\left[\frac{1}{r^2}\int_{r_w}^{r} p^f(r,\ t)\,r\mathrm{d}r - p^f(r,\ t)\right] -$$

$$\frac{E\alpha_m}{3(1-\nu)}\left[\frac{1}{r^2}\int_{r_w}^{r} T^f(r,\ t)\,r\mathrm{d}r - T^f(r,\ t)\right] - \frac{r_w^2}{r^2}p_w$$

(6-70)

$$\sigma_{zz} = -\frac{\alpha(1-2\nu)}{1-\nu}p^f(r,\ t) + \frac{E\alpha_m}{3(1-\nu)}T^f(r,\ t)$$

可以看出，上式中第一部分为流体流动所引起的应力变化，第二部分为温度变化所引起的应力，第三部分为井筒液柱压力所引起的应力。

在井壁处，三应力可表示为：

$$\sigma_{rr} = p_w$$

$$\sigma_{\theta\theta} = \frac{\alpha(1-2\nu)}{1-\nu}p^f(r,\ t) + \frac{E\alpha_m}{3(1-\nu)}T^f(r,\ t) + p_w$$

(6-71)

$$\sigma_{zz} = -\frac{\alpha(1-2\nu)}{1-\nu}p^f(r,\ t) + \frac{E\alpha_m}{3(1-\nu)}T^f(r,\ t)$$

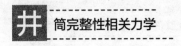
参 考 文 献

［1］ Bradley W B, Fontenot J E. The Prediction and Control of Casing Wear (includes associated papers 6398 and 6399)［J］. Journal of Petroleum Technology, 1975, 27(02): 233-245.

［2］ Best B. Casing wear caused by tooljoint hardfacing［J］. SPE drilling engineering, 1986, 1(01): 62-70.

［3］ Beirute R M, Cheung P R. Method for selection of cement recipes to control fluid invasion after cementing ［J］. SPE Production Engineering, 1990, 5(04): 433-440.

［4］ Hall Jr R W, Garkasi A, Deskins G, et al. Recent advances in casing wear technology［C］//SPE/IADC Drilling Conference. Society of Petroleum Engineers, 1994.

［5］ Heathman J F, Beck F E. Finite Element Analysis Couples Casing and Cement Designs for HTHP Wells in East Texas［C］//IADC/SPE Drilling Conference. Society of Petroleum Engineers, 2006.

［6］ Kuriyama Y, Tsukano Y, Mimaki T, et al. Effect of wear and bending on casing collapse strength［C］//SPE Annual Technical Conference and Exhibition. Society of Petroleum Engineers, 1992.

［7］ Marx C, Retelsdorf H J, Knauf P. Evaluation of new tool joint hardfacing material for extended connection life and minimum casing wear［C］//SPE/IADC Drilling Conference. Society of Petroleum Engineers, 1991.

［8］ Marx C, Retelsdorf H J, Knauf P. Evaluation of new tool joint hardfacing material for extended connection life and minimum casing wear［C］//SPE/IADC Drilling Conference. Society of Petroleum Engineers, 1991.

［9］ Nabih A, Chalaturnyk R J. Stochastic life cycle approach to assess wellbore integrity for CO_2 geological storage ［C］//SPE Heavy Oil Conference-Canada. Society of Petroleum Engineers, 2014.

［10］ Nilssen H, Fredheim A, Solbraa E, et al. Special Session Title: High Pressure Gas-Liquid Separation; paper proposal title: Theoretical Prediction of Interfacial Tensions for Hydrocarbon mixtures with Gradient Theory in Combination with Peng-Robinson Equation of State［C］//Offshore Technology Conference. Offshore Technology Conference, 2010.

［11］ Rodriguez W J, Fleckenstein W W, Eustes A W. Simulation of collapse loads on cemented casing using finite element analysis ［C］//SPE Annual Technical Conference and Exhibition. Society of Petroleum Engineers, 2003.

［12］ Schoenmakers J M. Casing wear during drilling-simulation, prediction, and control［J］. SPE Drilling Engineering, 1987, 2(04): 375-381.

［13］ Song J S, Bowen J, Klementich F. The internal pressure capacity of crescent-shaped wear casing［C］//SPE/IADC Drilling Conference. Society of Petroleum Engineers, 1992.

［14］ Tahmourpour F, Hashki K, El Hassan H I. Different Methods To Avoid Annular Pressure Buildup by Appropriate Engineered Sealant and Applying Best Practices (Cementing and Drilling)［J］. SPE Drilling & Completion, 2010, 25(02): 248-252.

［15］ White J P, Dawson R. Casing wear: laboratory measurements and field predictions［J］. SPE Drilling Engineering, 1987, 2(01): 56-62.

［16］ Williamson J S. Casing wear: the effect of contact pressure［J］. Journal of Petroleum Technology, 1981, 33 (12): 2, 382-2, 388.

［17］ Yuan Z, Al-yami A S, Schubert J J, et al. Cement Failure Probability under HPHT Conditions Supported By Long Term Laboratory Studies and Field Cases［C］//SPE Annual Technical Conference and Exhibition. Society of Petroleum Engineers, 2012.